★

適用Excel 2013、2010、2007版本

跟

四大會計師事務所
學做 Excel圖表

・如何規畫讓客戶一目了然的・
商業圖解報表

簡倍祥、葛瑩、林佩娟

著

Office 達人 2AC715X

跟四大會計師事務所學做Excel圖表：如何規畫讓客戶一目了然的商業圖解報表 第二版

作　　者／簡倍祥、葛瑩、林佩娟
執行編輯／單春蘭
特約美編／鄭力夫
封面設計／走路花工作室
行銷專員／辛政遠
總 編 輯／姚蜀芸
副 社 長／黃錫鉉
社　　長／吳濱伶
發 行 人／何飛鵬
出　　版／電腦人文化
發　　行／城邦文化事業股份有限公司
　　　　　歡迎光臨城邦讀書花園
　　　　　網址：www.cite.com.tw
香港發行所／城邦 (香港) 出版集團有限公司
　　　　　香港灣仔駱克道193號東超商業中心1樓
　　　　　電　話：(852) 25086231
　　　　　傳　真：(852) 25789337
　　　　　E-mail：hkcite@biznetvigator.com
馬新發行所／城邦 (馬新) 出版集團
　　　　　Cite (M) Sdn Bhd
　　　　　41, Jalan Radin Anum, Bandar Baru Sri Petaling,
　　　　　57000 Kuala Lumpur, Malaysia.
　　　　　電　話：(603) 90578822
　　　　　傳　真：(603) 90576622
　　　　　E-mail：cite@cite.com.my

國家圖書館出版品預行編目資料

跟四大會計師事務所學做Excel圖表：如何規畫讓
客戶一目了然的商業圖解報表 第二版/
簡倍祥、葛瑩、林佩娟 著.
-- 初版. -- 臺北市：電腦人文化出版：城邦文化發
行, 民104.02;　公分

ISBN 978-986-199-445-1(平裝)
1.電腦程式

312.49E9　　　　　　　　　　103026742

印刷／凱林印刷有限公司
2023年(民112) 10 月 二版4刷　　Printed in Taiwan
定價／490元

● 如何與我們聯絡：

1. 若您需要劃撥 購書，請利用以下郵撥帳號：
郵撥帳號：19863813　戶名：書虫股份有限公司

2. 若書籍外觀有破損、缺頁、裝釘錯誤等不完整現
象，想要換書、退書，或您有大量購書的需求服
務，都請與客服中心聯繫。

客戶服務中心
地址：10483 台北市中山區民生東路二段141號B1
服務電話：(02) 2500-7718、(02) 2500-7719
服務時間：週一 ～ 週五9：30～18：00，
24小時傳真專線：(02) 2500-1990～3
E-mail：service@readingclub.com.tw

3. 若對本書的教學內容有不明白之處，或有任何改
進建議，可將您的問題描述清楚，以E-mail寄至
以下信箱：pcuser@pcuser.com.tw

4. PCuSER電腦人新書資訊網站：
http://www.pcuser.com.tw

5. 電腦問題歡迎至「電腦QA網」與大家共同討
論：http://qa.pcuser.com.tw

6. PCuSER專屬部落格，每天更新精彩教學資訊：
http://pcuser.pixnet.net

7. 歡迎加入我們的Facebook粉絲團：
http://www.facebook.com/pcuserfans
(密技爆料團)
http://www.facebook.com/i.like.mei
(正妹愛攝影)

※詢問書籍問題前，請註明您所購買的書名及書
號，以及在哪一頁有問題，以便我們能加快處理
速度為您服務。

※我們的回答範圍，恕僅限書籍本身問題及內容撰
寫不清楚的地方，關於軟體、硬體本身的問題及
衍生的操作狀況，請向原廠商洽詢處理。

前言

我們生活在豐富多色彩的世界，在這裡，各式各樣的資訊不絕於耳。我們會發現，成片的文字或成串的數字，較難記憶，也難以判斷它們之間的關係和趨勢。但如果利用圖畫或表格表達文字或數字，則可以輕鬆記住相關資訊。Excel 具有許多製圖功能，不僅能繪製簡單的圖表，也能繪製出四大會計師事務所那樣的專業圖表。

Excel 圖表的預設格式是最簡樸的風格，雖很常用，但是對於職場人士而言，未免初級了些。我們看到四大會計師事務所，或是麥肯錫（McKinsey & Company）、羅蘭 · 貝格（RolandBerger）等資深管理咨詢公司的報告時，精美的圖表常讓人眼前一亮。有些圖表看起來僅由幾個元素組成，卻能把重要資訊一語道中。有些圖表看起來繁瑣複雜，但各元素搭配合理，仔細一看，各資訊間的邏輯清晰、明瞭。

或許您驚歎於這些四大會計師事務所繪製圖表的功力，羨慕他們利用深厚的功力發展出大事業。其實，要學會這些基本的圖表繪製方法並不難。並且，在不斷實作的過程中，能逐漸從模仿到創造，從學習到被學習。這本書將教會您繪製專業圖表的點點滴滴。

本書的重點在於分門別類介紹專業圖表的繪製方法，詳細分析各個實例的實現過程，您可以跟著本書的節奏一步步繪製出屬於您的專業圖表。並且，本書的每個章節皆有「技巧與實作」，提供圖表繪製的技巧，並解答實作中可能遇到的相關問題，幫助您在實際操作中，實戰經驗能更上一層樓。

面對林林總總的圖表類型，您應該選擇哪一種表達資料？當我們要比較或是尋找各組資料間的差異，是否可以利用 EXCEL 自動計算並顯示在圖表中？如果我們要打破尋常，設定不等間隔的橫垂直座標軸，如何借助輔助檔案繪製出精美的圖表？ EXCEL 預設的圖表類型，如果進行適當的演變，是否能更清晰地表達資料資訊呢？對於凌亂的圖表資訊，如何拆解圖表，既能保持圖表的完整性，又能清晰的看到各個資料的變化情況？……以上種種問題，都將在本書中找到答案。

本書主要針對商務人士以及 EXCEL 圖表愛好者，介紹如何運用 EXCEL 工具繪製出專業圖表，並不斷創新圖表的表達。本書由各個範例串起，特別強調圖表繪製的實作內容，讓讀者邊學邊做，快速掌握專業圖表的繪製技巧，如此可以在專業圖表的繪製方面遊刃有餘，讓商務人士在任何情況下都能找到得心應手、契合主題、達到效果顯著的圖表繪製方案。

如果您對本書有任何意見或建議，或者有任何疑問需要解答，可 E-Mail 與作者聯繫。

簡倍祥　benson@opivt.com

葛瑩　　ge.ying@163.com

林佩娟　helenpc.lin@msa.hinet.net

本書範例請於 http://goo.gl/82calC 下載

 為範例操作檔案

 為範例完成檔案

1 專業圖表的基本要素

1.1	專業圖表的特徵	1-2
1.2	專業圖表的製圖原則	1-2
1.3	圖表元素	1-17
1.4	技巧與實作	1-60

2 選擇合適的圖表類型

2.1	圖表基礎知識	2-2
2.2	直條圖	2-3
2.3	橫條圖	2-5
2.4	折線圖	2-6
2.5	區域圖	2-9
2.6	圓形圖	2-11
2.7	圓環圖	2-16
2.8	雷達圖	2-18
2.9	XY 散佈圖	2-19
2.10	氣泡圖	2-23
2.11	股價圖	2-24
2.12	直接用數字表達	2-26
2.13	EXCEL 圖表類型的變更和組合	2-28
2.14	技巧與實作	2-34

3 比較和差異的表達

3.1　利用高低點連線表達　　　　　　　　　　　　　　3-2

3.2　利用區域圖、折線圖、直條圖表達　　　　　　　3-20

3.3　利用橫條圖表達　　　　　　　　　　　　　　　3-29

3.4　利用直條圖表達　　　　　　　　　　　　　　　3-39

3.5　技巧與實作　　　　　　　　　　　　　　　　　3-51

4 不等間隔的座標軸

4.1　利用折線圖及「時間刻度」設定　　　　　　　　4-2

4.2　利用 XY 散佈圖設定　　　　　　　　　　　　　4-16

4.3　技巧與實作　　　　　　　　　　　　　　　　　4-35

5 直條圖的演變

5.1　浮動的直條　　　　　　　　　　　　　　　　　5-2

5.2　不同色彩的直條　　　　　　　　　　　　　　　5-12

5.3　群組直條圖和堆疊直條圖的組合　　　　　　　　5-18

5.4　技巧與實作　　　　　　　　　　　　　　　　　5-34

6 橫條圖的演變

6.1	滾珠圖	6-2
6.2	甘特圖	6-19
6.3	手風琴圖	6-31
6.4	技巧與實作	6-41

7 橫條圖的演變

7.1	橫向拆解圖表	7-2
7.2	縱向拆解圖表	7-15
7.3	表達不同內容數據的資料	7-28
7.4	技巧與實作	7-46

8 綜合演練

8.1	完整圖表的模仿繪製	8-2
8.2	線端突出的圖形顯示	8-32
8.3	直條圖與 XY 散佈圖的套用	8-44

1

專業圖表的基本要素

1.1 專業圖表的特徵

1.2 專業圖表的製圖原則

1.3 圖表元素

1.4 技巧與實作

範例請於 http://goo.gl/82calC 下載

EXCEL 圖表，是工作中最常用到的工具之一，大家一定曾經看到過或是繪製過。EXCEL 預設的圖表繪製工具可以滿足一般圖表的繪製要求。但是，若談及專業程度，用 EXCEL 的預設設定繪製圖表是遠遠不夠的。

專業圖表的特徵

四大會計師事務所的服務結果，最終是用報告呈現的。審查企業會計報表，出具審計報告；驗證企業資本，出具驗資報告；辦理企業合併、分立、清算事宜中的審計業務，出具有關報告⋯⋯四大會計師事務所的報告中，最常見的報告呈現方式，是用圖表呈現資料和觀點。

資深管理咨詢公司，同樣用精彩的報告做為咨詢結果的最終呈現方式。他們的報告中，能用圖表述觀點的，不會用表格表述；能用表格表述的，不會用文字表述；在圖和表均無法表述的情況下，考慮用條例性的文字，或者其他簡潔明瞭的方式表現。

無論是讀到四大會計師事務所的報告，還是麥肯錫、羅蘭 · 貝格等資深管理咨詢公司的報告，這些精美的圖表總會讓人眼前一亮。概括而言，這些圖表具有準確、簡潔、專業、美觀等特點，將所要表達的資料內容清晰地呈現在讀者面前。

準確	圖表表達直接、明白無誤，根據資料之間的關係選擇最合適的圖表類型。
簡潔	文字表達簡略，資料的呈現方式清晰易懂，通常使用最簡單的圖形類型。
專業	運用特有的色彩、字型、版面配置，表現圖表專業性。
美觀	圖表表現形式莊重得體，對細節的處理周到嚴謹。

專業圖表的製圖原則

EXCEL 對圖表預設了圖表色彩、字型、版面配置等，專業圖表不會採用 EXCEL 的預設設定，而是針對專業圖表特徵按照需求設定。

1.2.1 ▶ 圖表色彩

對讀者而言，鑑別圖表是否專業，最直觀角度便是圖表色彩。普通製圖者容易受到 EXCEL 預設圖表色彩的限制，即使在圖表版面配置等方面模仿專業圖表的設計，但是在圖表色彩的選擇上總是跳不出 EXCEL 預設的框架。

○ *Note*

1. 要繪製專業圖表，最重要的是選擇具有「專業」特色的圖表色彩。
2. 同一份報告中，圖表色彩要儘量統一，根據繪製圖表的目的選擇色彩，有效表現資料之間的關係，切忌隨意變換色彩。
3. 透過研究專業圖表的色彩後發現，圖表色系主要有 4 種模式。
4. 具有「專業」特色的圖表，除使用主色系以外，格線等輔助內容或是使用淺灰色或是不增加。

同色色系

「**同色色系**」，是最常用的色系。「同色色系」以「**藍灰色系**」為主，結合色彩的深淺變化作搭配。「藍灰色系」穩重端莊，是專業的象徵。

「圖 1 藍灰色系圖表 -1」用「藍灰色系」的圖表表達「2003-2012 世界貿易的年增長率」。

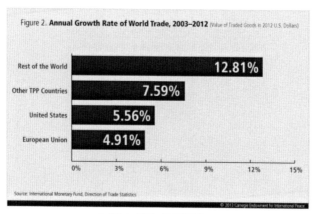

▲ 圖 1 藍灰色系圖表 -1

「藍灰色系」的圖表，有時配合橙色等亮色作為輔助說明。「圖 2 藍灰色系圖表 -2」則是用「藍灰色系」的圖表表達「2011 年第二季度，歐盟各國中家庭、非金融集團、金融機構、政府的債務組成」，之後再用橙色線框突出超過平均水平的值。

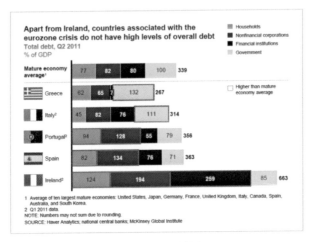

▲ 圖 2 藍灰色系圖表 -2

「藍灰色系」，也可以很簡潔地表達資料。以下兩例分別僅用兩種簡單的色彩繪製圖表，但完全能表達資料資訊。

「圖 3 藍灰色系圖表 -3」用淺藍和淺灰的組合，表達「2011 年德國汽車行業營業額分佈」。

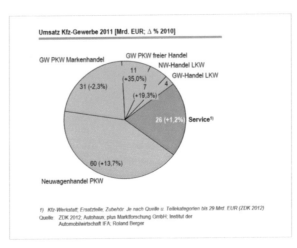

▲ 圖 3 藍灰色系圖表 -3

「圖 4　藍灰色系圖表 -4」利用深藍和淺灰的組合，表達「網站實際提供的功能和客戶要求的差異」。

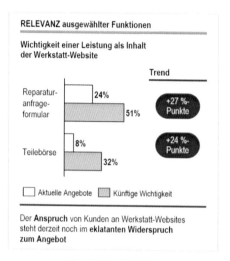

▲ 圖 4　藍灰色系圖表 -4

「同色色系」的另幾種常用色系，分別是「紅橙色系」、「咖啡色系」、「灰白色系」。

相對「藍灰色系」而言，**「紅橙色系」**更顯活潑、吸引目光。「圖 5 紅橙色系圖表」是「某公司 2005-2008 年實際營業額，以及 2009-2013 年預測營業額及營業額構成」。圖中利用「藍灰色系」顯示「過去（2005-2008 年）」的資料，用「紅橙色系」突出「未來（2009-2013 年）」的發展趨勢。

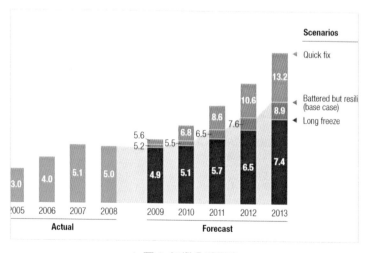

▲ 圖 5　紅橙色系圖表

「**咖啡色系**」也屬端莊型色系,但業界的使用頻率低於「藍灰色系」。「圖 6 咖啡色系圖表」利用「咖啡色系」的圖表表達「手機返修的原因構成」。

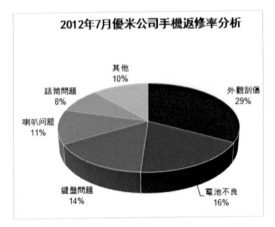

▲ 圖 6 咖啡色系圖表

實際操作中,也會用到兩種或多種「**色系的組合顯示**」,進行資料對比或突出顯示某些資料。

「圖 7 組合色系圖表 -1」利用「藍灰色系」和「紅橙色系」的組合顯示,表達「未來十年公司業務發展的十大重點趨勢」,十大趨勢按類型歸為 5 類,分別用 5 種色塊表示。羅蘭‧貝格的企業標識系統就是採用這樣的色彩搭配。

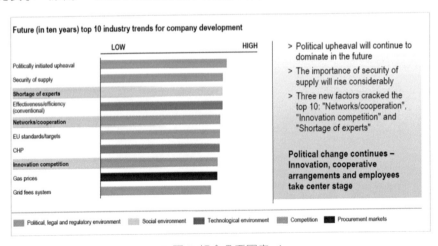

▲ 圖 7 組合色系圖表 -1

另一種「藍灰色系」和「紅橙色系」的組合，在早期的《商業週刊》中非常常見，這與當時《商業週刊》的標識系統一致，目前該色系的使用頻率降低了。「圖 8 組合色系圖表 -2」用「藍灰色系」和「紅橙色系」的組合色系，表達「某地區一般肥胖和極其肥胖人群的組成比例」，兩種色塊各代表一類人群。

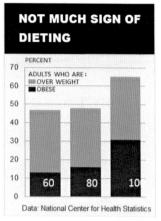

▲ 圖 8 組合色系圖表 -2

彩色色系

不同公司或媒體善用的「彩色色系」風格迥異。羅蘭 · 貝格的報告，常用紅綠藍 3 色組合。「圖 9 彩色色系 -1」是典型的「羅蘭 · 貝格式」紅綠藍 3 色，用橫條圖表達「2012 年某公司各業務的預期與實際百分比構成」。

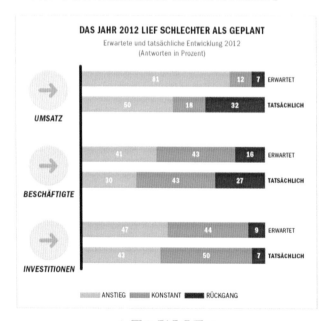

▲ 圖 9 彩色色系 -1

「圖 10 彩色色系 -2」同樣利用「羅蘭 · 貝格式」紅綠藍 3 色，用折線圖表達「2005 年 -2012 年，某公司各業務的達成變化情況」。

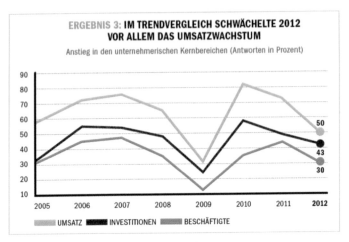

▲ 圖 10 彩色色系 -2

麥肯錫的報告，甚至用到 10 種色彩表達折線圖。「圖 11 彩色色系 -3」用豐富的色彩，表達「1990 年 -2011 年第二季度，各國的減債情況」，由於色彩搭配及版面配置的合理度，圖表並不凌亂。

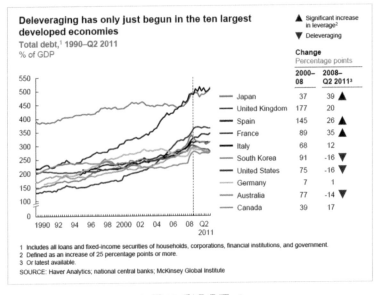

▲ 圖 11 彩色色系 -3

圖表色彩的設定

既然我們可以找到很多成功的專業圖表實例，那麼繪製圖
表時，選擇色彩的最有效辦法之一便是「模仿」。我們可以
直接參照現成的圖表色彩，取用其色彩配置來繪製我們自
己的圖表。

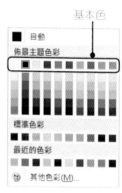

基本色

▲ 圖 12 色彩面板 -1

如「圖 12 色彩面板 -1」所示，EXCEL 2010 提供的「**色彩
面板**」有 70 格，「布景主題色彩」的第 1 列是「基本色」，
之後的 5 列由第 1 列變化而來。另有「標準色彩」、「最近
的色彩」，最後是「其他色彩」選項。「其他色彩」選項允
許我們透過 RGB 的值來指定任意色彩。

繪製圖表的時候，EXCEL 2010 預設順序選用第 1 列「基本色」的第 5-10 個格
子，如「圖 13 色彩面板 -2」所示。以此作為圖表配色，色彩不夠時會繼續往後
使用其餘幾列的色彩。

▲ 圖 13 色彩面板 -2

「圖 14 色彩面板 -3」是 EXCEL 繪製圖表時按預設順序選擇的 3 種色彩。

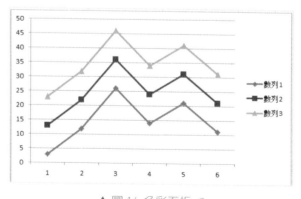

▲ 圖 14 色彩面板 -3

我們可以透過「色彩面板」改變 EXCEL 的預設色彩，達到設定圖表色彩的目的。
EXCEL 2010 引入「**色彩主題**」的概念。「色彩主題」的設定步驟如下。

STEP 01 找到「色彩主題」的設定按鍵。

1 新增 EXCEL 檔案。

2 點擊工作列的「版面配置」按鍵。

3 點擊「擊佈景主題」中的「色彩」按鍵。

▲ 圖 15 設定色彩主題 -1

STEP 02 設定「色彩主題」。

1 「色彩」按鍵的下拉選單選項中，出現多種「主題色彩」，「Office」即為預設的「主題色彩」，其他供選擇的「主題色彩」包括「灰階」、「暗香撲面」等。

2 選中某一「主題色彩」，則此前透過「色彩面板」指定色彩的儲存格、圖表等，會變換為相應的「主題色彩」。

STEP 03 選擇自己的「主題色彩」。

1 點擊「色彩」下拉選單選項中的「建立新的佈景主題色彩」。

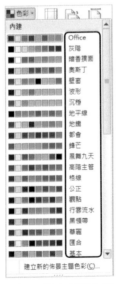 

▲ 圖 16 設定色彩主題 -2　　　　▲ 圖 17 設定色彩主題 -3

2 在彈出的「建立新的佈景主題色彩」對話方塊中,依次在「佈景主題色彩」之「文字/背景」、「輔色」等項目的下拉選單選項中,選擇所需的色彩。

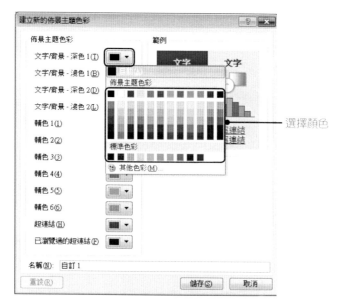

▲ 圖 18 設定色彩主題 -4

3 刪除「名稱」欄右側的「自訂 1」。

▲ 圖 19 設定色彩主題 -5

4 鍵入自訂的名稱。

5 點擊「儲存」。

新增自己的「主題色彩」。

如果所需的色彩未出現在下拉選單的選項中，需建立色彩。

1 打開 ColorPix 軟體。（網站：colorpix.en.softonic.com 下載）

2 將滑鼠移動到要截取的色彩處。

3 ColorPix 軟體顯示「RGB 值」以及對應的色彩。

滑鼠放在要截取的色彩處 ─

軟體顯示 RGB 值以及
對應的色彩

▲ 圖 20 設定色彩主題 -6

4 在「佈景主題色彩」之「文字 / 背景」、「輔色」等項目的下拉選單選項中，選
擇「其他色彩」。

選擇

▲ 圖 21 設定色彩主題 -7

5 在彈出的「色彩」對話方塊中，點擊「自訂」按鍵。

6 依次刪除「紅色」、「綠色」、「藍色」右側的值。

7 將 ColorPix 軟體顯示「RGB 值」(2,38,98) 依次鍵入「紅色」、「綠色」、「藍色」右側的空白欄。

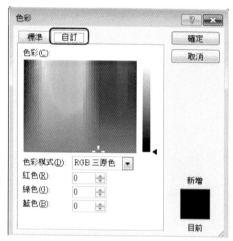

▲ 圖 22 設定色彩主題 -8

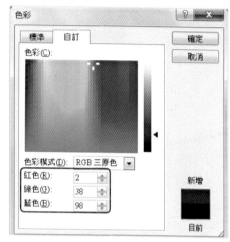

▲ 圖 23 設定色彩主題 -9

8 點擊「確定」。

9 點擊「佈景主題色彩」之「文字 / 背景」、「輔色」等項目的下拉選單鍵，新增的色彩可以在「色彩面板」中找到。

10 點擊「儲存」。

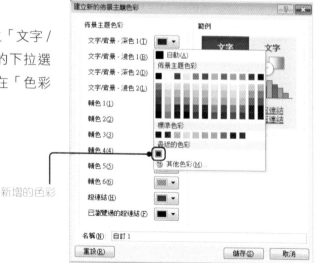

▲ 圖 24 設定色彩主題 -10

1.2.2 ▶ 圖表字型

EXCEL 的「**圖表字型**」種類非常多，但專業圖表不求花俏，而求統一與協調。

> ○ *Note*
>
> 1. 同一張圖表中，字型的種類以 1-3 種為宜。
> 2. 字型的大小，與圖表元素相符合。
> 3. 對於英文字型和數字，推薦使用「Arial」字型，「8pt」或「10pt」大小。
> 4. 對於中文字型，推薦使用「黑體」字型，「8pt」或「10pt」大小。尤其是圖表的中文標題，用「黑體」字型時，有力而清晰。

EXCEL 2010 預設的字型是「宋體」、「12pt」，這樣的顯示難以表現專業效果。EXCEL 2010 預設的字型是可以改變的。例如，我們要將預設字型設定為「Arial」，「10pt」，步驟如下。

STEP 01 找到「預設字型」的設定按鍵。

1 新增 EXCEL 檔案。

2 點擊工作列的「檔案」按鍵。

3 點擊「選項」按鍵。

▲ 圖 25 設定圖表字型 -1

STEP 02 設定「預設字型」。

1 在彈出的「Excel 選項」對話方塊中，點擊「一般」按鍵。

2 在「建立新活頁簿時」中，「使用此字型」選「Arial」，「字型大小」選「10」。

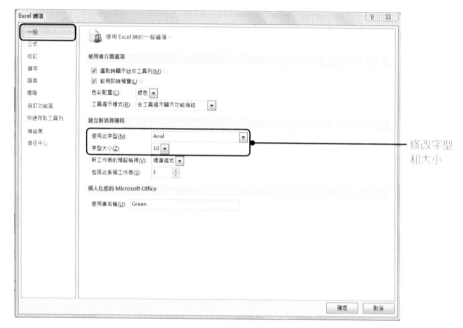

▲ 圖 26 設定圖表字型 -2

3 點擊「確定」。

STEP 03 檢驗「預設字型」的效果。

1 新增 EXCEL 檔案。

2 在任意儲存格中輸入字母或數字，則該儲存格的資料顯示為「Arial」，「10pt」。如「圖 27 設定圖表字型 -3」所示。

在任意儲存格中輸入字母或數字

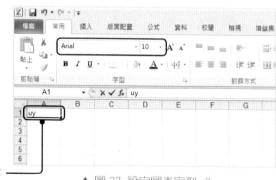

▲ 圖 27 設定圖表字型 -3

1.2.3 ▶ 圖表版面配置

EXCEL 2010 預設的「圖表區」版面配置,左側為「繪圖區」,是包含資料數列圖形的區域。右側為「圖例區」,指明「繪圖區」中各圖形所代表的資料數列。如「圖 28 圖表版面配置 -1」所示。

這種版面配置方式雖通俗易懂,但對於商務人士而言,這樣的版面配置有失專業。

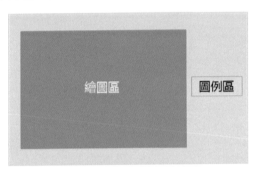

▲ 圖 28 圖表版面配置 -1

專業圖表的版面配置,通常呈現由上而下、一脈相承的結構。各層次間有時「居左對齊」,有時「居中對齊」。

⬭ *Note*

專業圖表「**圖表版面配置**」的主要內容包括如下 4 項。

❖ 「標題區」(可以包括主標題和副標題):主標題突出,簡明扼要地表達圖表觀點。副標題詳細闡述圖表資訊,確保讀者瞭解圖表的繪製意圖。

❖ 「繪圖區」:約占完整圖的 1/2 區域。

❖ 「圖例區」:「圖例區」可以位於繪圖區上方,也可位於繪圖區下方,如「圖 29 圖表版面配置 -2」中「圖例區 1」和「圖例區 2」所示,此為最常用的方式。「圖例區」也可位於繪圖區右側。有時「圖例區」直接顯示在圖形上,甚至無需圖例也可清晰表達圖表內容。

❖ 「腳註區」:通常注明資料來源、備註等資訊,更顯專業。

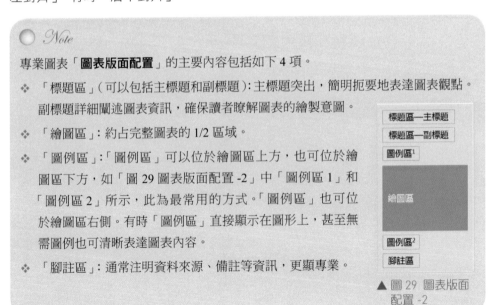

▲ 圖 29 圖表版面配置 -2

○ *Note*

事實上,上述「標題區」、「註腳區」等
區域未必要全部放在圖表中,如果用
EXCEL 設計圖表,完全可以將文字等
部分放在繪圖區附近的儲存格中。

「圖 30 圖表版面配置 -3」中,B3 儲存
格中僅有「繪圖區」,黑底標題、註腳、
圖例均位於其他儲存格中,或者用文字
方塊顯示。由此可見,完整的圖表包括
圖表本身以及 EXCEL 周邊儲存格中的
輔助資訊。

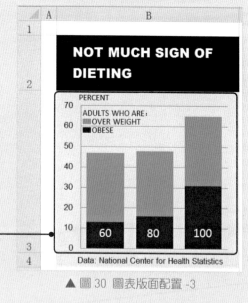

B3 儲存格

▲ 圖 30 圖表版面配置 -3

1.3 圖表元素

EXCEL 提供眾多的「**圖表元素**」,是圖表中可設定的「最小單位」。透
過「圖表元素」的設定,使得 EXCEL 圖表具有很大的「**靈活性**」。

「圖表元素」包括上一章節中所述的
「標題區」、「繪圖區」、「圖例區」、「腳
註區」。如「圖 31 圖表元素 -1」所
示。

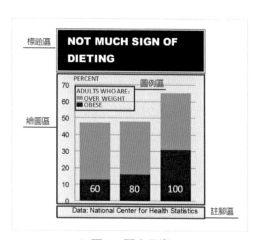

▲ 圖 31 圖表元素 -1

「繪圖區」中的圖標元素可進一步細分為「座標軸」、「座標軸標題」、「格線」、「資料數列」、「資料標籤」。如「圖 32 圖表元素 -2」所示。

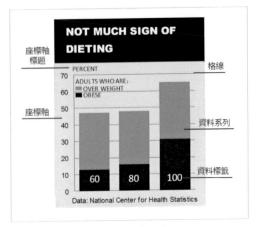

▲ 圖 32 圖表元素 -2

❖ **座標軸**：包括「水平軸」和「垂直座標軸」。「座標軸」對於含有「次座標軸」的圖表，1 張圖表最多包括「主副水平軸」和「主副垂直座標軸」，共 4 個「座標軸」。「座標軸」上有「刻度線」、「刻度線標籤」。

❖ **座標軸標題**：「座標軸標題」用於描述「座標軸」的名稱。

❖ **格線**：「格線」包括「水平格線」和「垂直格線」，分別對應於「水平軸」和「垂直座標軸」。一般以「水平格線」為數值比較的參考線。

❖ **資料數列**：「資料數列」根據「資料來源」繪製圖形，用來展現「資料值」和「變化趨勢」，是圖表的核心內容。

❖ **資料標籤**：「資料標籤」是跟隨「資料數列」顯示的「資料值」。

EXCEL 圖表可以利用「**運算列表**」功能，該功能產生「運算列表」，以顯示資料數列的資料值，如「圖 33 圖表元素 -3」所示。因此，「運算列表」也是圖表元素之一。

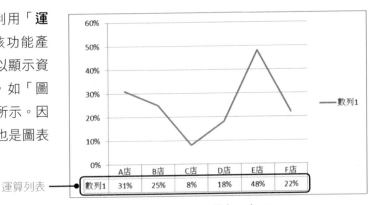

▲ 圖 33 圖表元素 -3

由於「運算列表」占據較多的圖表空間，並不常用，即使有需要使用，專業圖表的製作者會依據專業圖表的繪製要求自製「運算列表」，將在下文中論述。

本章節將舉例說明主要「圖表元素」的設定方式。

1.3.1 ▶ 圖表區的填充色和框線

EXCEL 2010 預設的「**圖表區填充色**」為「白色」，專業圖表則根據圖表的色彩搭配，重新配置「圖表區填充色」。

○ *Note*

專業圖表的「圖表區填充色」分為兩大類。

1. 白色或淺色，之前介紹的都是此類。

2. 黑色或深色，並用紅色或者黃色的「繪圖區色彩」與「圖表區填充色」搭配。

無論採用哪種色彩搭配，目的都是明確而醒目地表達圖表資訊。

「圖 34 圖表元素 -4」用黑色的「圖表區填充色」與「繪圖區紅色圖形」搭配，表達「可口可樂公司因銷量成長率降低，利潤同時降低」的狀況。

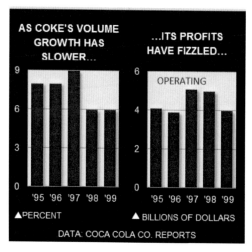

▲ 圖 34 圖表元素 -4

EXCEL 2010 預設的「**圖表區框線**」為「灰色」，如「圖 35 圖表元素 -5」所示。

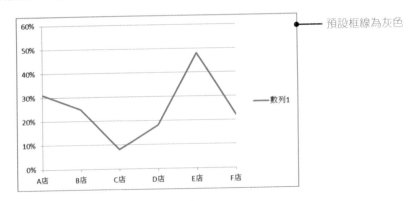

▲ 圖 35 圖表元素 -5

專業圖表通常將「圖表區框線」設定為「無框線」。即「圖 35 圖表元素 -5」中的外框是不顯示的。

「圖表區填充色」和「圖表區框線」如何設定呢？步驟如下。

STEP 01 設定「圖表區填充色」。

 ❶ 打開檔案「CH1.3-01 設定圖表區填充色和框線 - 原始」之「原始」工作表。

❷ 在圖表上移動滑鼠，直至顯示 圖表區 。

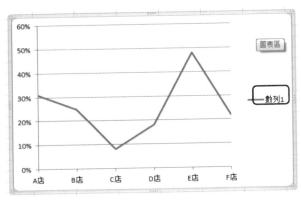

▲ 圖 36 設定圖表區填充色 -1

3 右鍵點擊「圖表區」。

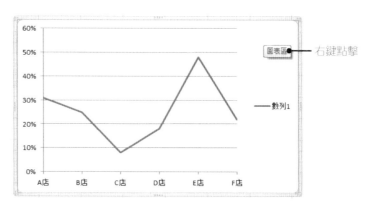

▲ 圖 37 設定圖表區填充色 - 2

4 選擇「圖表區格式」。

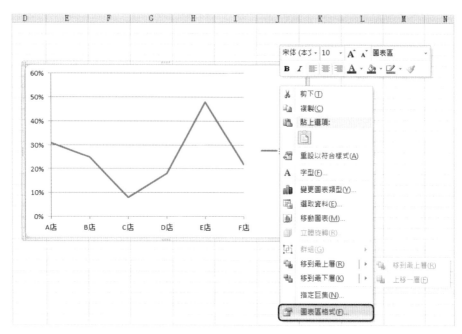

▲ 圖 38 設定圖表區填充色 - 3

5 在彈出的「圖表區格式」對話方塊中，點擊「填滿」，並選擇「實心填滿」。
在「填滿色彩」中，「色彩」選擇「藍色」（「色彩面板」第 2 列的第 5 個色彩）。對「填滿」設定的過程中，「填滿」的設定效果同時表現在「圖表區」中。

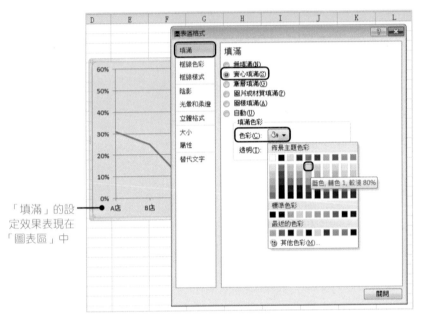

▲ 圖 39 設定圖表區填充色 -4

6 點擊「關閉」。

7 「圖表區填充色」設定為藍色。

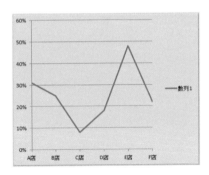

▲ 圖 40 設定圖表區填充色 -5

完成檔案「CH1.3-02 設定圖表區填充色和框線 - 繪製」之「01」工作表。

STEP 02 設定「圖表區框線」。

❶ 右鍵點擊「圖表區」。

❷ 選擇「圖表區格式」。

❸ 在彈出的「圖表區格式」對話方塊中，點擊「框線色彩」，並選擇「無線條」。

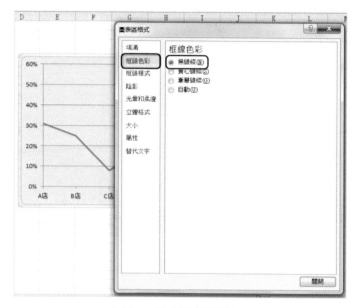

▲ 圖 41 設定圖表區框線 -1

❹ 點擊「關閉」。

❺「圖表區框線」消失了。

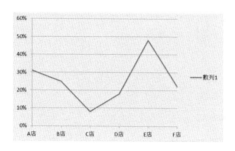

▲ 圖 42 設定圖表區框線 -2

完成檔案「CH1.3-02 設定圖表區填充色和框線 - 繪製」之「02」工作表。

1.3.2 ▶ 繪圖區的填充色和框線

○ *Note*

1. 專業圖表的「繪圖區填充色」，有時與「圖表區填充色」完全一致，有時與「圖表區填充色」形成互補色，有時甚至採用多種色彩形成一個完整的繪圖區。但無論採取哪種方式，前提都是，使得圖表的表述清晰、明確。

2. 「繪圖區框線」通常是予以保留的，有些情況下，為了更加突顯「繪圖區」的內容，可以用特別的色彩作為「繪圖區框線」色彩。

「**繪圖區填充色**」和「**繪圖區框線**」的設定方式與「圖表區」是類似的。步驟如下。

STEP 01 設定「繪圖區填充色」。

 ❶ 打開檔案「CH1.3-03 設定繪圖區填充色和框線 - 原始」之「原始」工作表。

❷ 右鍵點擊「繪圖區」。

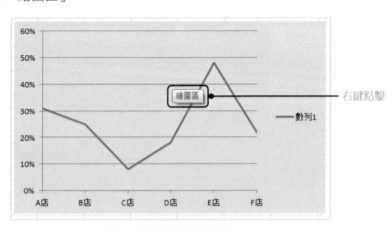

▲ 圖 43 設定繪圖區填充色 -1

3 選擇「繪圖區格式」。

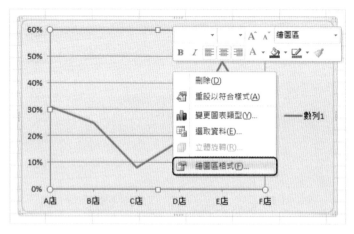

▲ 圖 44 設定繪圖區填充色 -2

4 在彈出的「繪圖區格式」對話方塊中，點擊「填滿」，並選擇「實心填滿」。

在「填滿色彩」中，「色彩」選擇「白色」。

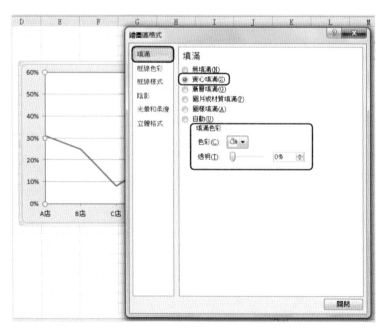

▲ 圖 45 設定繪圖區填充色 -3

STEP 02 設定「繪圖區框線」。

1 在「繪圖區格式」對話方塊中，點擊「框線色彩」，並選擇「實心線條」。

「色彩」選擇「藍色」(「色彩面板」第 1 列的第 5 個色彩)。

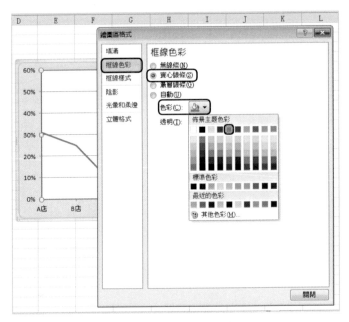

▲ 圖 46 設定繪圖區框線 -1

2 點擊「關閉」。

3 「繪圖區框線」設定為「藍色」。

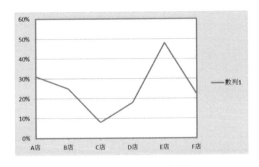

▲ 圖 47 設定繪圖區框線 -2

 完成檔案「CH1.3-04 設定繪圖區填充色和框線 - 繪製」之「01」工作表。

由於「繪圖區填充色」和「繪圖區框線」均在「繪圖區格式」對話方塊中設定，因此可連續設定這兩者，而無需重覆打開「繪圖區格式」對話方塊。本例的操作方法較上一例簡化。

我們會看到，有些圖表的**「繪圖區填充色」是多色彩的**，不同色彩按照「格線」交替出現。如「圖 48 多色彩的繪圖區填充色 -1」所示的「GOOGLE 與 YAHOO 搜尋服務的營收成長比較」，「繪圖區」的色彩利用深淺色彩交替的方式呈現，更便於閱讀。

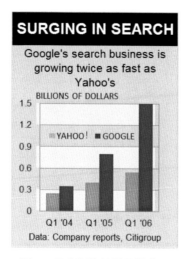

▲ 圖 48 多色彩的繪圖區填充色 -1

EXCEL 2010 並不能自動設定多色彩的繪圖區填充色，那是如何實現的呢？

「圖 48 多色彩的繪圖區填充色 -1」的「繪圖區填充色」透過對 EXCEL 的儲存格填色而實現，而圖表自身的「繪圖區填充色」為「無填滿」。利用此方法設定「繪圖區填充色」時，要特別注意相應儲存格的列高和欄寬設定，必須與繪圖區及格線的寬度、高度完全吻合。

「圖 48 多色彩的繪圖區填充色 -1」的繪製步驟如下。

STEP 01 查看原始資料。

1 打開檔案「CH1.3-05 設定多色彩的填充色 - 原始」之「原始」工作表。

2 B2~D5 儲存格為「資料」,「圖表」是根據「資料」繪製的。

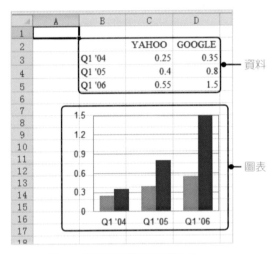

▲ 圖 49 多色彩的繪圖區填充色 -2

STEP 02 設定「繪圖區」對應的儲存格欄寬和列高。

1 點擊「插入工作表」按鍵。

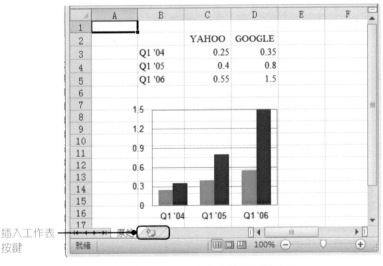

插入工作表
按鍵

▲ 圖 50 多色彩的繪圖區填充色 -3

2 複製「原始」工作表中的圖表。

3 在新的工作表中,貼上複製的圖表。

4 點擊「貼上選項」按鍵,並選擇「圖片」。

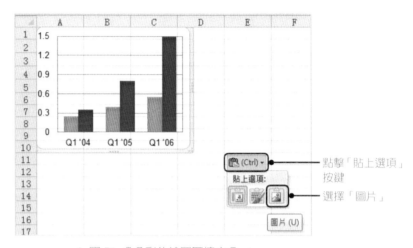

▲ 圖 51 多色彩的繪圖區填充色 -4

5 移動圖片,將圖片的第 1 條格線與 C5 儲存格的上邊緣對齊,圖片的「主垂直座標軸」與 C5 儲存格的左邊緣對齊。

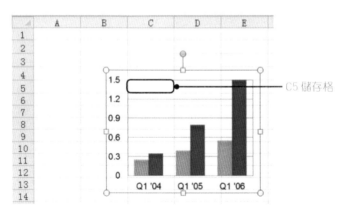

▲ 圖 52 多色彩的繪圖區填充色 -5

6 按住第 5 列和第 6 列之間的間隔線並向下拖移，直至 C6 儲存格的上邊緣與圖片的第 2 條格線對齊，鬆開滑鼠。

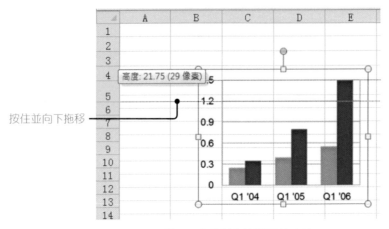

▲ 圖 53 多色彩的繪圖區填充色 -6

7 對於第 6 列、第 7 列、第 8 列、第 9 列的「列高」做同樣的操作。結果如「圖 54 多色彩的繪圖區填充色 -7」所示。

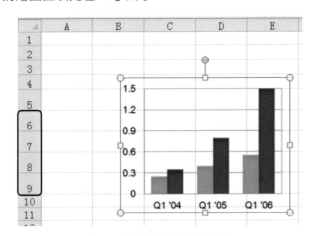

▲ 圖 54 多色彩的繪圖區填充色 -7

8 按住 C 欄和 D 欄之間的間隔線並向右拖移，直至 C5 儲存格的右邊緣與圖片的「副垂直座標軸」對齊，鬆開滑鼠。

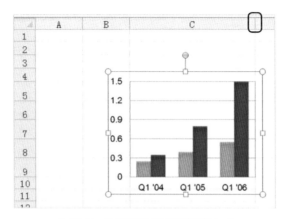

▲ 圖 55 多色彩的繪圖區填充色 -8

完成檔案「CH1.3-06 設定多色彩的填充色 - 繪製」之「01」工作表。

STEP 03 給「繪圖區」填充色彩。

1 刪除工作表中的圖片。

2 選中 C5 儲存格。

3 點擊工作列的「常用」按鍵，並點擊「填滿色彩」的下拉選單鍵，選擇「其他色彩」。

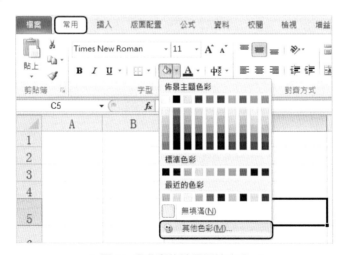

▲ 圖 56 多色彩的繪圖區填充色 -9

4 用 colorpix 軟體截取「圖 48多色彩的繪圖區填充色 -1」中繪圖區的淺色填充色 RGB（255,251,221）。

5 在彈出的「色彩」對話方塊中，點擊「自訂」，鍵入 RGB 值（255,251,221）。

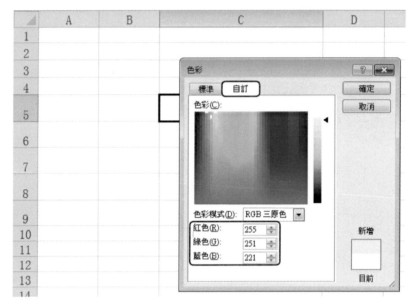

▲ 圖 57 多色彩的繪圖區填充色 -10

6 點擊「確定」。

7 C5 儲存格的「填滿色彩」設定為 RGB 值（255,251,221）。

▲ 圖 58 多色彩的繪圖區填充色 -11

8 設定 C7、C9 儲存格的「填滿色彩」為 RGB 值（255,251,221）。

9 用 colorpix 軟體截取「圖 48 多色彩的繪圖區填充色 -1」中會圖區的深色填充色 RGB，為（238,227,180）。

10 設定 C6、C8 儲存格的「填滿色彩」為 RGB 值（255,251,221）。結果如「圖 59　多色彩的繪圖區填充色 -12」所示。

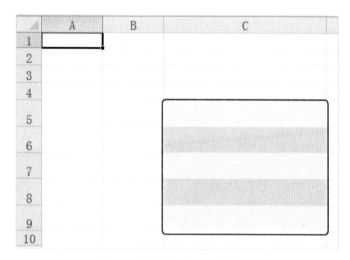

▲ 圖 59 多色彩的繪圖區填充色 -12

完成檔案「CH1.3-06 設定多色彩的填充色 - 繪製」之「02」工作表。

STEP 04 實現多色彩的「繪圖區填充色」。

1 複製「原始」工作表中的圖表。

2 在「02」工作表中，貼上複製的圖表。

3 移動圖表，使得格線恰好落在 C5~C9 儲存格的上邊緣，垂直座標軸恰好落在 C5~C9 儲存格的左邊緣和右邊緣。結果如「圖 60 多色彩的繪圖區填充色 -13」所示。

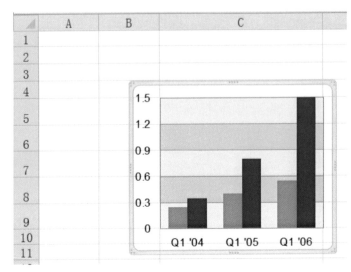

▲ 圖 60 多色彩的繪圖區填充色 -13

 完成檔案「CH1.3-06 設定多色彩的填充色 - 繪製」之「03」工作表。

1.3.3 ▶ 圖形的填充色和框線

> ⚪ *Note*
>
> 「圖形填充色」和「圖形框線」的種類無法用「規律」描述。不同的專業圖表，差異很大。但萬變不離其中的是，如果我們對於自創的「圖形填充色」和「圖形框線」沒有把握，完全可以透過「模仿」專業圖表來實現。

「圖形填充色」和**「圖形框線」**均可設定。以直條圖為例，設定直條圖「圖形填充色」和「圖形框線」的步驟如下。

STEP 01 設定直條圖「圖形填充色」。

 ❶ 打開檔案「CH1.3-07 設定直條圖的圖形填充色和框線 - 原始」之「原始」工作表。

❷ 右鍵點擊任意直條，選擇「資料數列格式」。

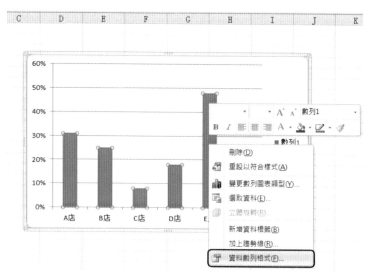

▲ 圖 61 設定直條圖的圖形填充色 -1

3 在彈出的「資料數列格式」對話方塊中,點擊「填滿」,選擇「實心填滿」,「填滿色彩」選擇「深紅色」(「色彩面板」中「標準色彩」的第 1 個)。

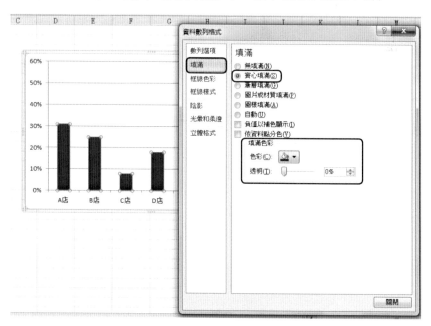

▲ 圖 62 設定直條圖的圖形填充色 -2

STEP 02 設定直條圖「圖形框線」。

1 點擊「框線色彩」，選擇「實心線條」，「色彩」選擇「黃色」（「色彩面板」中第 1 列的第 6 個）。

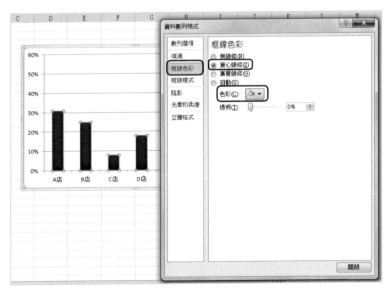

▲ 圖 63 設定直條圖的圖形框線 -1

2 點擊「框線樣式」，將「寬度」設定為「3pt」。

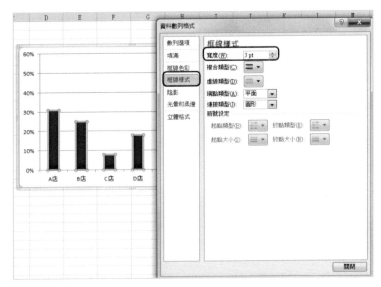

▲ 圖 64 設定直條圖的圖形框線 -2

3 點擊「關閉」。

4 直條圖中，圖形的色彩設定結果如「圖 65 設定直條圖的圖形框線 -3」所示。

 完成檔案「CH1.3-08 設定直條圖的圖形填充色和框線 - 繪製」之「01」工作表。

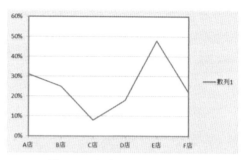

▲ 圖 65 設定直條圖的圖形框線 -3

區域圖的「圖形填充色」和「圖形框線」，在專業圖表中具有特殊性。我們看到的專業圖表的區域圖，在區域範圍內的最上邊，通常用突出的色彩勾勒出來，另 3 條邊保留原樣。如「圖 66 設定區域圖的圖形框線 -1」所示的「1991年第四季度 -1996 年第三季度，美國電腦配件的股票價格以及變化趨勢」。

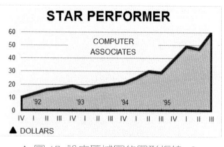

▲ 圖 66 設定區域圖的圖形框線 -1

「圖 66 設定區域圖的圖形框線 -1」的效果，若是僅利用 EXCEL 區域圖功能，無法實現。因為，EXCEL 區域圖功能的處理結果，要麼是沒有勾勒任何邊，如「圖 67 設定區域圖的圖形框線 -2」所示，要麼是將 4 邊全部勾勒出來，如「圖 68 設定區域圖的圖形框線 -3」所示。

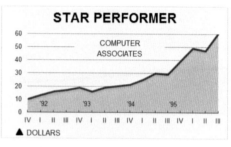

▲ 圖 67 設定區域圖的圖形框線 -2

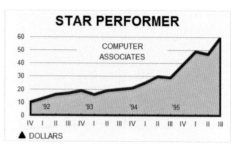

▲ 圖 68 設定區域圖的圖形框線 -3

如何做到只勾勒最上邊呢？步驟如下。

STEP 01 找到原始圖表。

① 打開檔案「CH1.3-09 設定區域圖的圖形填充色和框線 - 原始」之「原始」工作表。

② 「原始」工作表中所示圖表即為「圖 67 設定區域圖的圖形框線 -2」，是「圖 66 設定區域圖的圖形框線 -1」的原始圖表。

STEP 02 勾勒區域圖的上邊緣。

① 選中 B5~C20 儲存格。

② 點擊工作列「插入」按鍵，並點擊「折線圖」，選擇第 1 個「折線圖」。

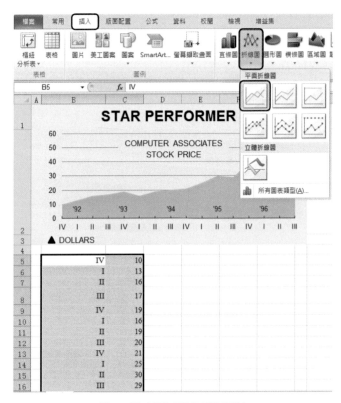

▲ 圖 69 設定區域圖的圖形框線 -4

3 在產生的「折線圖」中，選中「格線」。

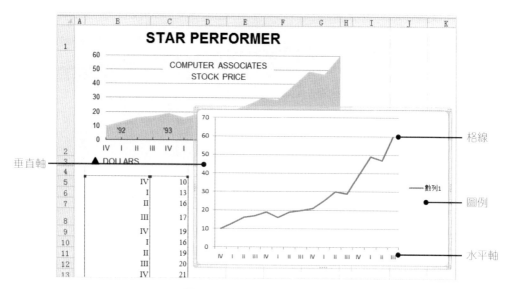

▲ 圖 70 設定區域圖的圖形框線 -5

完成檔案「CH1.3-10 設定區域圖的圖形填充色和框線 - 繪製」之「01」工作表。

4 按下「Del」按鍵，「格線」消失了。

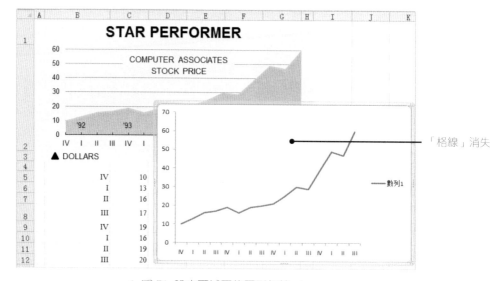

▲ 圖 71 設定區域圖的圖形框線 -6

完成檔案「CH1.3-10 設定區域圖的圖形填充色和框線 - 繪製」之「02」工作表。

5 用同樣的方法，依次刪除「水平軸」、「垂直軸」和「圖例」。

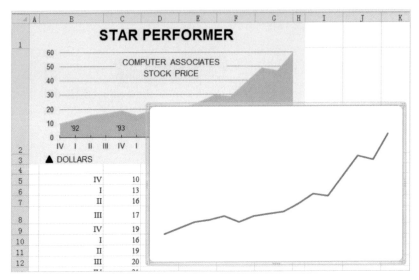

▲ 圖 72 設定區域圖的圖形框線 -7

完成檔案「CH1.3-10 設定區域圖的圖形填充色和框線 - 繪製」之「03」工作表。

6 右鍵點擊「圖表區」，選擇「圖表區格式」。

7 在彈出的「圖表區格式」對話方塊中，點擊「填滿」，並選擇「無填滿」。

▲ 圖 73 設定區域圖的圖形框線 -8

8 點擊「關閉」。

9 用類似的方法,將繪圖區的「填滿」設定為「無填滿」。

10 將圖表區的「框線色彩」設定為「無線條」。

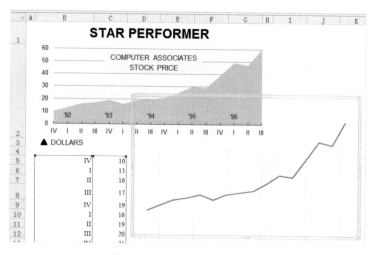

▲ 圖 74 設定區域圖的圖形框線 -9

11 右鍵點擊「折線」,選擇「資料數列格式」。

12 在彈出的「資料數列格式」對話方塊中,點擊「線條色彩」,選擇「實心線條」,「色彩」選擇「深藍色」(「色彩面板」中第 6 列的第 4 個)。

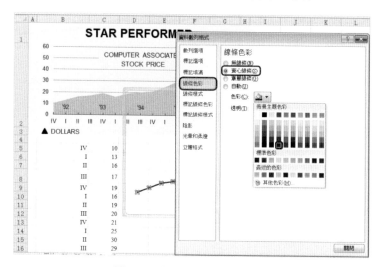

▲ 圖 75 設定區域圖的圖形框線 -10

⓭ 點擊「線條樣式」，將「寬度」設定為「5pt」。

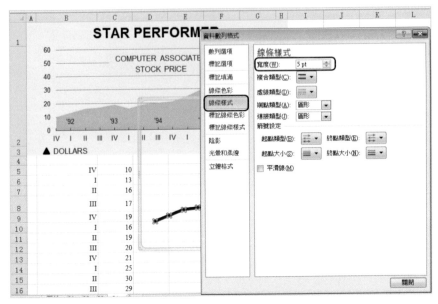

▲ 圖 76 設定區域圖的圖形框線 -11

⓮ 點擊「關閉」。

⓯ 折線圖樣式如「圖 77 設定區域圖的圖形框線 -12」所示。

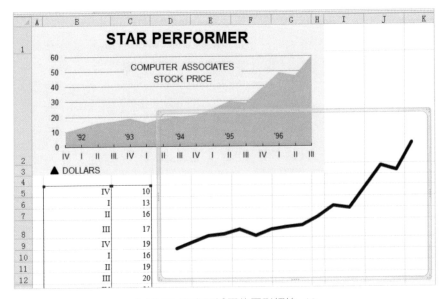

▲ 圖 77 設定區域圖的圖形框線 -12

完成檔案「CH1.3-10 設定區域圖的圖形填充色和框線 - 繪製」之「04」工作表。

16 按住「折線圖」並移動至與「區域圖」重疊。

17 按住「折線圖」框線並拉伸或壓縮，直至「折線圖」和「區域圖」的上邊緣重合。

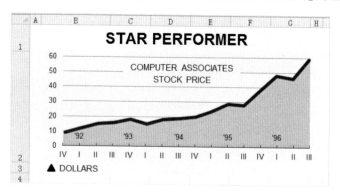

▲ 圖 78 設定區域圖的圖形框線 -13

完成檔案「CH1.3-10 設定區域圖的圖形填充色和框線 - 繪製」之「05」工作表。

1.3.4 ▶ 運算列表

EXCEL 的「**運算列表**」功能，可以顯示圖表中詳細的資料資訊，如「圖 33　圖表元素 -3」所示。

對於專業圖表而言，用 EXCEL 預設的運算列表，表現手法並不顯專業，常常無法突出所要表達的資料。而且「運算列表」限制較多，僅限於顯示圖表中的資料，無法顯示額外資料。因此，繪製專業圖表時通常自製資料表，並與圖形搭配。

「圖 79 運算列表」中，圖形顯示的資料是「1991 年第四季度 -1996 年第三季度，美國電腦配件的股票價格以及變化趨勢」，而資料表顯示的資料是「主要年度的營業收入和淨利潤變化」，與圖形中顯示的資料並不相同。可見，同一張圖表中，顯示了多種資訊。

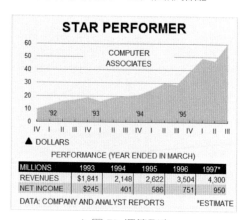

▲ 圖 79 運算列表

◯ *Note*

「圖 79 運算列表」給予我們諸多啟示：

1. 自製資料表（實現運算列表的功能）能更好地表達資料資訊。

2. 在繪圖區，為了於小空間中清晰顯示年份，用「'93」的表達形式代替「1993」的表達形式。而在資料表，由於空間足夠，因此寫出全稱「1993」。

3. 1997 年的資料是預估的，所以在圖表的右下角用「*ESTIMATE」標識。

4. 對於需要用 \$、¥、% 等符號表示的資料，可以只在首個數字處加上該符號，其他數字處省略，讀者會自然聯想到其他數字處也對應該符號。若是該符號出現在座標軸的資料上，用同樣的方法操作。

1.3.5 ▶ 圖例及資料標籤的使用

之前，我們瞭解到，多數專業圖表的「圖例」，位於繪圖區的上方或者下方，便於閱讀，也有位於繪圖區右側或是不放置圖例的情況。

◯ *Note*

1. 對於「直條圖」或「橫條圖」，在條件許可的情況下，「**圖例**」通常直接顯示在圖形上，既便於理解，也更加美觀。

2.「直條圖」或「橫條圖」的「**資料標籤**」，通常顯示於繪圖區中，便於閱讀。

「圖 80 圖例及資料標籤 -1」表達的是「中國對九大原材料的需求比較」。圖中，「圖例」直接標註於橫條上方，「資料標籤」標註於橫條內部。

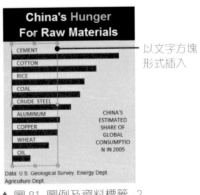

▲ 圖 80 圖例及資料標籤 -1　　▲ 圖 81 圖例及資料標籤 -2

「圖 80 圖例及資料標籤 -1」中，增加「圖例」較簡便的方式是，在文字方塊中鍵入「圖例」資訊，並將文字方塊覆蓋於圖表上，如「圖 81 圖例及資料標籤 -2」所示。

增加「資料標籤」時，可以利用 EXCEL 的預設功能。步驟如下。

> **STEP 01** 增加「資料標籤」。

1 打開檔案「CH1.3-11 設定資料標籤 - 原始」之「原始」工作表。

2 選中圖表區。

3 點擊工作列「圖表工具→版面配置」，並點擊「資料標籤→終點內側」。

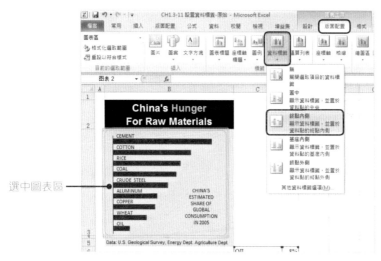

▲ 圖 82 圖例及資料標籤 -3

4「資料標籤」增加於橫條的右端，位於橫條內部。

完成檔案「CH1.3-12 設定資料標籤 - 繪製」之「01」工作表。

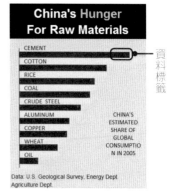

▲ 圖 83 圖例及資料標籤 -4

STEP 02 修改「資料標籤」的色彩和字型大小。

1 選中「資料標籤」。

2 點擊工作列「常用」按鍵,並在「字型色彩」中選擇「白色」。

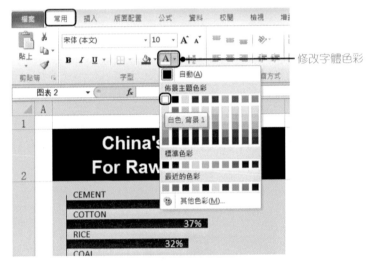

▲ 圖 84 圖例及資料標籤 -5

3 點擊「字型大小」調整按鍵的「縮小字型」按鍵,直至按鍵左側的資料顯示「8」。「資料標籤」清晰地顯示在橫條上,並與橫條高度比例適當。

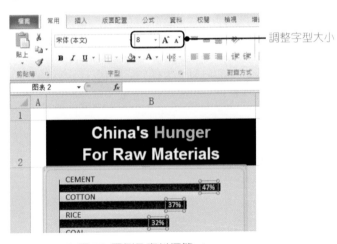

▲ 圖 85 圖例及資料標籤 -6

 完成檔案「CH1.3-12 設定資料標籤 - 繪製」之「02」工作表。

| STEP 03 | 將第 1 個「資料標籤」移到橫條中間，其餘「資料標籤」位置保持不變。 |

1 點擊「資料標籤」。

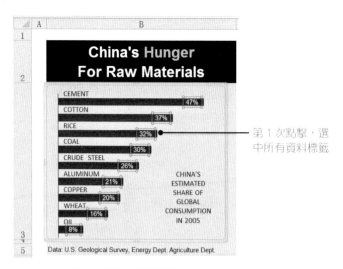

▲ 圖 86 圖例及資料標籤 -7

2 停頓 1 秒鐘。

3 點擊第 1 個「資料標籤」。注意，是間隔點擊兩下，不是連續點擊兩下。

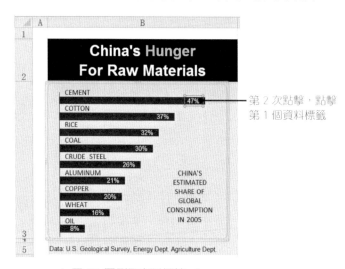

▲ 圖 87 圖例及資料標籤 -8

4 按住第 1 個「資料標籤」，並移動到橫條中間。

E 完成檔案「CH1.3-12 設定資料標籤 - 繪製」之「03」工作表。

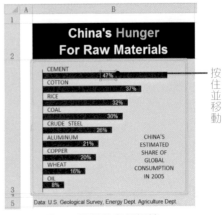

按住並移動

▲ 圖 88 圖例及資料標籤 -9

○ *Note*

1. 設定「資料標籤」時，所顯示的「資料標籤」應儘量簡短。

2. 對於「975,495.32 元」這樣的資料，有兩種顯示方式。

   ❶ 調整座標軸的單位，由「元」調整為「萬元」，則「975,495.32 元」縮短為「97.55 萬元」。

   ❷ 小數位數取為「0」，則進一步四捨五入縮短為「98 萬元」。

3. 涉及「四捨五入」的計算時，要特別注意各分類資料之和是否等於總額，或各分類的「百分比組成」之和是否等於「100%」。當各分類顯示的「百分比組成」之和，因「四捨五入」，不等於「100%」，會造成誤解。

「圖 89 資料標籤的顯示 -1」表達的是「某公司預算規劃組成，包括長期預算、短期預算、乘客 / 貨物量預估等」。可見，其分類之和等於「99%」，而非「100%」。

這種情況並非因為計算錯誤，而是圖中顯示的各分類資料因作「四捨五入」處理而未顯示小數點之後的數字，造成「加總錯誤」的現象。這種情況下，我們可以在腳註處標註「由於資料顯示作四捨五入處理，各資料之和

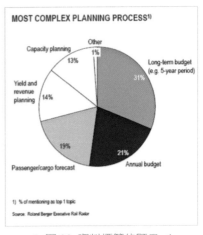

▲ 圖 90 資料標籤的顯示 -1

可能不等於 100%」，這樣既能避免直觀的「錯誤」顯示，又能表現圖表繪製的專業性。

對於多維的資料，EXCEL 會顯示哪個維度的「資料標籤」呢？我們可自行選擇。步驟如下。

STEP 01 增加「資料標籤」。

1 打開檔案「CH1.3-13 選擇資料標籤 - 原始」之「原始」工作表。

2 選中圖表區。

3 點擊工作列「圖表工具→版面配置」，並點擊「資料標籤→其他資料標籤選項」。

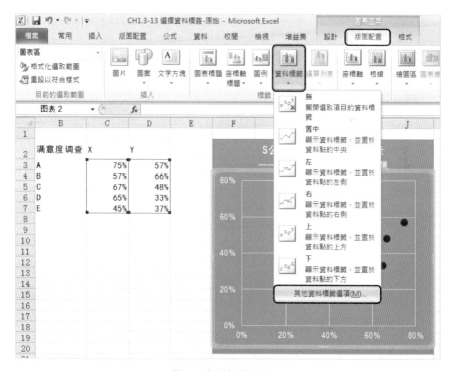

▲ 圖 91 資料標籤的顯示 -2

4 在彈出的「資料標籤格式」對話方塊中，在「標籤包含」中勾選「X 值」和「Y 值」，表示同時顯示「X 值」和「Y 值」資料。

⑤「標籤位置」勾選「左」，表示顯示於資料點的左側。

⑥「分隔符號」選擇「,」，表示「資料標籤」中「X值」和「Y值」間用「,」間隔。

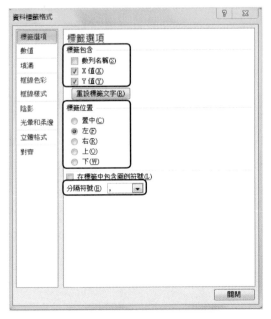

▲ 圖 92 資料標籤的顯示 -3

⑦ 點擊「關閉」。

⑧「資料標籤」按照既定要求顯示於圖表
上。

 完成檔案「CH1.3-14 選擇資料標籤 - 繪製」
之「01」工作表。

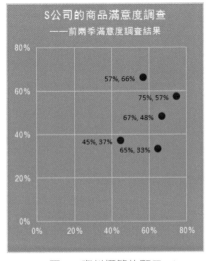

▲ 圖 93 資料標籤的顯示 -4

STEP 02 修改「資料標籤」的色彩。

「資料標籤」的色彩修改為「白色」。

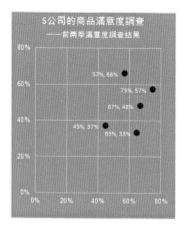

▲ 圖 94　資料標籤的顯示 -5

完成檔案「CH1.3-14 選擇資料標籤 - 繪製」之「02」工作表。

1.3.6 ▶ 座標軸刻度線及座標軸標題

別小看「座標軸」這個圖表元素，圖表是否專業，也表現在這個細節中。

> ◯ *Note*
>
> 1. 專業圖表，通常選擇「刻度線」在「內側」或者「無刻度線」的表現方式。對於水平軸和垂直軸的「刻度線」均是如此。
>
> 2. 當「刻度線」位於「內側」時，為了讓「刻度線」的顯示更加明顯，可以將「座標軸」的「線條色彩」變成黑色或深色（使用深色背景時取相反色系）。
>
> 3. 「座標軸刻度線」的間隔不宜太小，若間隔過密集，圖表看起來很繁瑣。
>
> 4. 「座標軸標題」使用簡明扼要的的方法標記。例如先增加座標軸的「標題」，再利用「箭號」指出「標題」所指向的座標軸。又如，對於「日期」等標識，由於一看便知其意義，因此不再增加「座標軸標題」。

EXCEL 2010 預設的「**座標軸刻度線**」類型是「外側」，這並非專業圖表理想的現實類型。如「圖 95 座標軸刻度線 -1」所示，專業圖表水平軸和垂直軸的「刻度線」，選擇在「內側」或者「無刻度線」的表現方式。

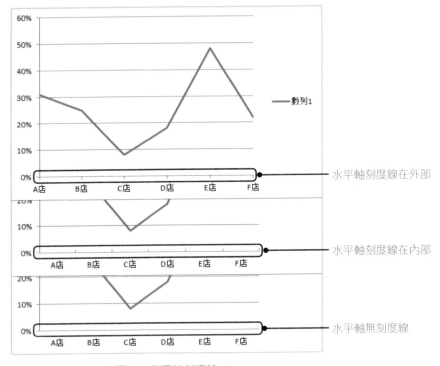

水平軸刻度線在外部

水平軸刻度線在內部

水平軸無刻度線

▲ 圖 95 座標軸刻度線 -1

如「圖 96 座標軸刻度線 -2」所示，當專業圖表的「刻度線」位於「內側」時，將「座標軸」的「線條色彩」變成黑色或深色，使得「刻度線」的顯示更加明顯。如果繪圖區的色彩為深色，則「刻度線」要選擇淺色。

水平軸的刻度線位於「內側」，用黑色作為刻度線色彩

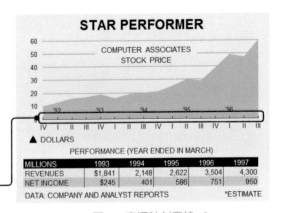

▲ 圖 96 座標軸刻度線 -2

如果將「圖 96 座標軸刻度線 -2」的「座標軸刻度線」的間隔縮小一倍,即如「圖 97 座標軸刻度線 -3」所示,則「座標軸刻度線」的間隔過於密集,「座標軸刻度線」和「座標軸標籤」顯得很繁瑣。

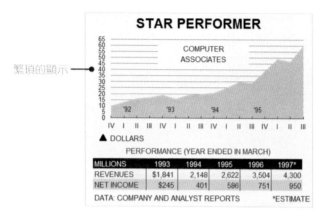

▲ 圖 97 座標軸刻度線 -3

如何修改「座標軸刻度線」呢?步驟如下。

STEP 01 修改「刻度線」位置。

 1 打開檔案「CH1.3-15 修改刻度線樣式 - 原始」之「原始」工作表。

2 右鍵點擊「垂直軸」,選擇「座標軸格式」。

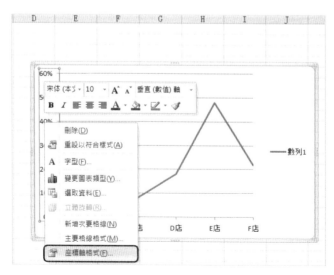

▲ 圖 98 修改座標軸刻度線 -1

3 在彈出的「座標軸格式」對話方塊中，點擊「座標軸選項」，在「主要刻度」中選擇「內側」。

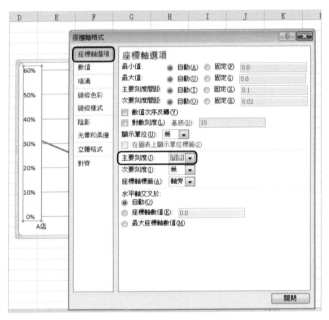

▲ 圖 99 修改座標軸刻度線 -2

4 點擊「關閉」。

5 垂直軸的「刻度線」顯示於「座標軸」的「內側」。「圖 100 修改座標軸刻度線 -3」中的垂直軸「刻度線」與格線重疊。

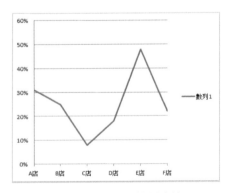

▲ 圖 100 修改座標軸刻度線 -3

 完成檔案「CH1.3-16 修改刻度線樣式 - 繪製」之「01」工作表。

STEP 02 修改「刻度線」間距。

1 右鍵點擊「垂直軸」，選擇「座標軸格式」。

2 在彈出的「座標軸格式」對話方塊中，點擊「座標軸選項」，在「主要刻度間距」處選擇「固定」，並在右側的空白欄中鍵入「0.05」。

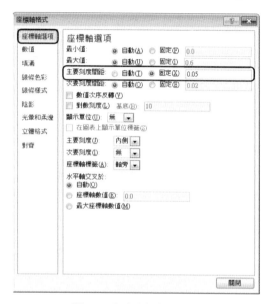

▲ 圖 101 修改座標軸刻度線 -4

3 點擊「關閉」。

4 垂直軸的「刻度線」間距為 5%。

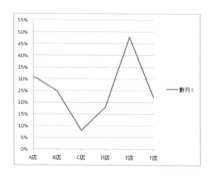

▲ 圖 102 修改座標軸刻度線 -5

 完成檔案「CH1.3-16 修改刻度線樣式 - 繪製」之「02」工作表。

EXCEL 2010 可增加「座標軸標題」，預設的「**座標軸標題**」位於座標軸的外側。專業圖表不會採用這樣的「座標軸標題」表達方式，常見的「座標軸標題」用「箭號＋標題」的方法標記，「箭號」指明「標題」所指向的座標軸，如「圖 103 座標軸標題」所示。而對於日期等顯而易見的標識，不再增加「座標軸標題」。

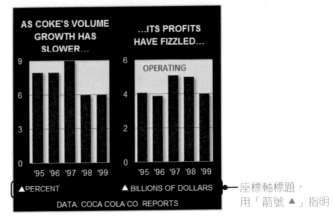

座標軸標題，用「箭號 ▲」指明

▲ 圖 103 座標軸標題

1.3.7 ▶ 格線

對於「格線」的處理，EXCEL 2010 預設為「僅顯示主要格線」。

 Note

專業圖表的「格線」處理方式，要注意以下幾點：

1. 顯示主要格線。

2. 不顯示格線。

3. 特殊情況下，「格線」的處理方式，也可能顯示次要格線。

4. EXCEL 預設的「格線」位置，是顯示於圖形之下，即圖形壓在「格線」的上方。有些專業圖表會將「格線」設定於圖形之上，即「格線」壓在圖形的上方，以此強化「格線」的作用。

修改「格線」樣式的步驟如下。

STEP 01 修改「格線」樣式。

❶ 打開檔案「CH1.3-17 修改格線
樣式 - 原始」之「原始」工作表。

❷ 右鍵點擊「格線」，選擇「格線
格式」。

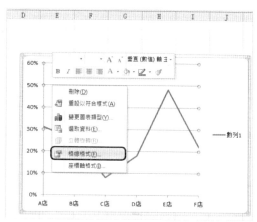

▲ 圖 104 修改格線樣式 -1

❸ 在彈出的「主要格線格式」對話
方塊中，點擊「線條樣式」，「虛
線類型」選擇第 4 組。

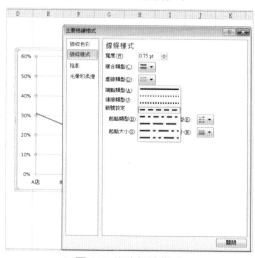

▲ 圖 105 修改格線樣式 -2

❹ 點擊「關閉」。

❺「格線」以「虛線」樣式顯示。

完成檔案「CH1.3-18 修改格線樣式
- 繪製」之「01」工作表。

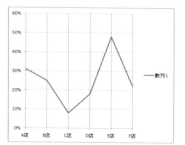

▲ 圖 106 修改格線樣式 -3

STEP 02 增加「主垂直格線」。

1 選中「圖表區」。

2 點擊工作列「圖表工具→版面配置」，並依次點擊「格線→主垂直格線→主要格線」。

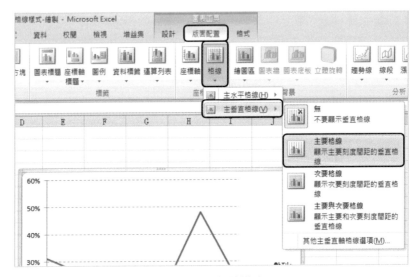

▲ 圖 107 修改格線樣式 -4

3 水平和垂直「格線」均顯示出來。

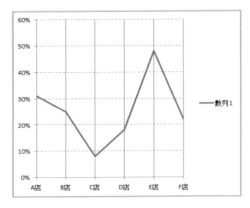

▲ 圖 108 修改格線樣式 -4

E 完成檔案「CH1.3-18 修改格線樣式 - 繪製」之「02」工作表。

EXCEL 預設的「格線」位置是位於圖形之下，有些專業圖表會將「格線」設定於圖形之上，強化「格線」的作用。「圖 108 格線位於圖表之上」顯示標準普爾500 指數（Standard & Poor's）中，能源、金融、訊息技術分別占據的市場份額。這張圖表便是將格線置於圖形之上的範例。

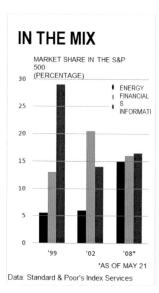

▲ 圖 109 格線位於圖表之上

「圖 108 格線位於圖表之上」的效果是由「直條圖」、「XY 散佈圖」、「誤差線」3者結合而成的。具體實現方法會在後續章節中介紹。

> **Note**
>
> **繪製專業圖表的最重要原則是，讓圖表「簡潔」、「清晰」，只顯示有用資訊。**
>
> 因此，我們要儘量減少和弱化圖表的非資料元素，包括背景填充色、格線、座標軸、圖表框線、不必要的色彩變化、多維及立體效果等。同時，增強和突出最重要資料元素，去除不必要的資料元素。
>
> 當然，如果去掉所有非資料元素和不必要的資料元素，圖表也會因過於簡單而不便於理解，無法形成特有的專業圖表風格，因此對於資料元素和非資料元素的處理要掌握分寸。

1.4 技巧與實作

經過上述內容的介紹，我們對專業圖表繪製的基本情況有一定的瞭解。然而實際工作中會遇到許多看似簡單，處理起來卻棘手的各類問題。本章節將介紹幾招解決小問題的技巧，也會給出圖表繪製的模仿實例。

1.4.1 ▶ 補色

繪製「直條圖」或者「橫條圖」時，有時會遇到「負值」的情況。預設情況下，「正值」與「負值」是用相同色彩表示的。為了更好地表現專業圖表的特性，我們可以用「補色」表達「正值」和「負值」，便於讀者清晰辨認資料的「正向增長」和「負向增長」。

事實上，EXCEL 預設「補色」功能，可在「資料數列格式」對話方塊中設定。如「圖 110 補色的設定 -1」所示的各店業績增長率圖，「正值」與「負值」均用藍色直條顯示。

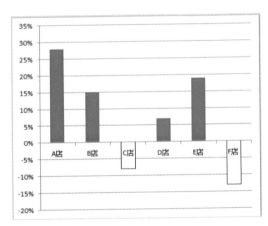

▲ 圖 110 補色的設定 -1

打開「資料數列格式」對話方塊，點擊「填滿」，並勾選「負值以補色顯示」。點擊「關閉」。

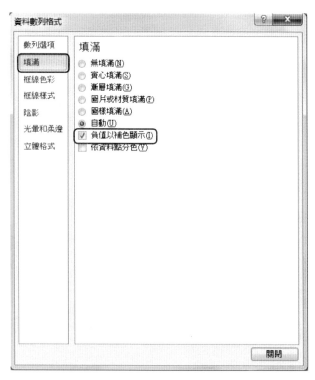

▲ 圖 111 補色的設定 -2

則表示「負值」的「直條」顯示為「補色」。可見，EXCEL 理解的「補色」為白色，即無論「直條」的色彩是何種，「補色」一律為白色，該預設色彩無法修改。

因此，要實現真正的「補色」功能，製圖者需要將「正值」和「負值」的資料分離，將其作為兩個資料數列作圖，對兩個資料數列分別設定真正的「補色」色彩。在後續章節會介紹類似的方法。

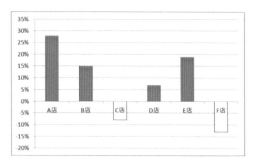

▲ 圖 112 補色的設定 -3

1.4.2 ▶ 資料更新

對於已經建立的圖表，有時需要補充新的資料並更新圖表。然而，圖表並不會隨資料的更新而自動更新，什麼方法可以即快速又無誤地更新圖表呢？

「圖 113 更新圖表 -1」顯示了 2005 年 1 月至 2012 年 12 月的上證指數變化情況。如果要增加 2013 年 1 月至 4 月的資料並更新圖表，步驟如下。

【註】上海證券交易所綜合股價指數，簡稱上證指數、上證綜指、上證綜合、滬綜指或滬指。

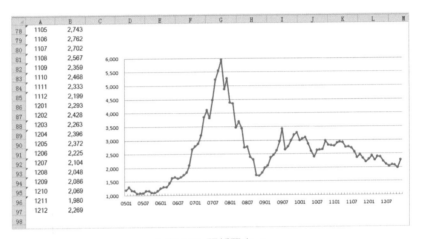

▲ 圖 113 更新圖表 -1

STEP 01 增加資料。

■1 打開檔案「CH1.4-01 更新圖表 - 原始」之「原始」工作表。

▲ 圖 114 更新圖表 -2

2 在 A146~B149 儲存格中，鍵入 2013 年 1~4 月的「時間」及「上證指數」。如「圖 115 更新圖表 -3」所示。

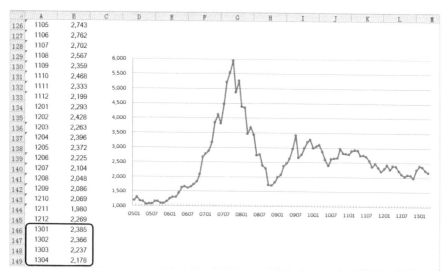

▲ 圖 115 更新圖表 -3

完成檔案「CH1.4-02 更新圖表 - 繪製」之「01」工作表。

STEP 02 更新圖表。

1 選中折線圖形，資料區域自動框出圖形對應的資料範圍。

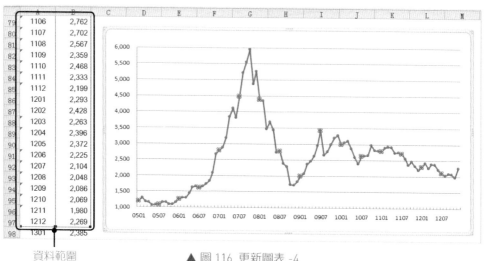

資料範圍　　　　　　▲ 圖 116 更新圖表 -4

2 依次按住資料範圍框右下角的紫色和藍色小方塊,並向下移動至第 101 列。

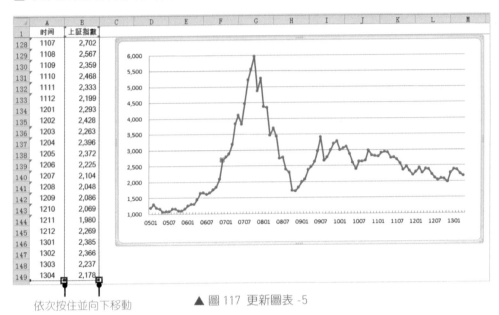

依次按住並向下移動

▲ 圖 117 更新圖表 -5

3 圖表區完成更新,增加了 2013 年 1~4 月的資料。

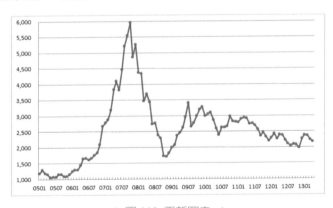

▲ 圖 118 更新圖表 -6

完成檔案「CH1.4-02 更新圖表 - 繪製」之「02」工作表。

1.4.3 ▶ 快速產生相同格式的圖表

對於 1 張已經繪製完成的圖表，如果要利用新的資料繪製 1 張新的相同格式的圖表，無需從頭到尾重新繪製一遍，可以利用已經完成的圖表快速變化產生。

「圖 119 快速產生相同格式的圖表 -1」比較了 A 店和 B 店各月的銷量，現在要比較 C 店和 D 店的銷量，圖表格式與之相同。步驟如下。

▲ 圖 119 快速產生相同格式的圖表 -1

STEP 01 將「A 店」圖形修改為「C 店」圖形。

❶ 打開檔案「CH1.4-03 快速產生相同格式的圖表 - 原始」之「原始」工作表。

❷ 點擊藍色圖形（A 店），資料區域自動框出藍色圖形（A 店）對應的資料範圍。

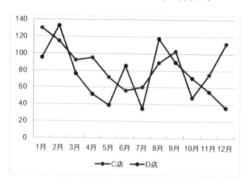

	A店	B店	C店	D店	E店
1月	158	280	130	95	305
2月	223	345	115	133	328
3月	186	320	92	76	285
4月	125	255	95	52	269
5月	170	210	72	39	250
6月	145	170	56	86	224
7月	96	179	60	35	290
8月	152	208	89	118	276
9月	84	233	103	90	256
10月	96	287	48	71	280
11月	148	240	75	55	242
12月	190	202	112	36	220

框出 A 店的資料範圍

▲ 圖 120 快速產生相同格式的圖表 -2

3 將滑鼠移至 B2~B13 儲存格資料範圍的框線上，直至滑鼠變成十字記號。

	A	B	C	D	E	F	G	H	I	J
1		A店	B店	C店	D店	E店				
2	1月	158	280	130	95	305				
3	2月	223	345	115	133	328				
4	3月	186	320	92	76	285				
5	4月	125	255	95	52	269				
6	5月	170	210	72	39	250				
7	6月	145	170	56	86	224				
8	7月	96	179	60	35	290				
9	8月	152	208	89	118	276				
10	9月	84	233	103	90	256				
11	10月	96	287	48	71	280				
12	11月	148	240	75	55	242				
13	12月	190	202	112	36	220				
14										
15										

滑鼠所指之處會
出現十字記號

▲ 圖 121 快速產生相同格式的圖表 -3

4 按住滑鼠並向右移動，即看到藍色框線由 B2~B13 儲存格移動至 D2~D13 儲存格。

5 用同樣的方法，將綠色框線由 B1 儲存格移動至 D1 儲存格。

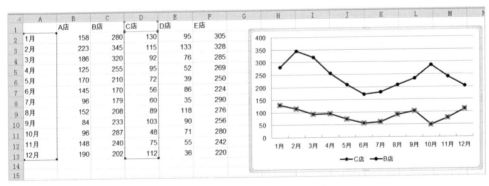

▲ 圖 122 快速產生相同格式的圖表 -4

E 完成檔案「CH1.4-04 快速產生相同格式的圖表 - 繪製」之「01」工作表。

6 圖表中 A 店資料修改成 C 店的資料了。

將「B 店」圖形修改為「D 店」圖形。

用類似的方法,將「B 店」圖形修改為「D 店」圖形。

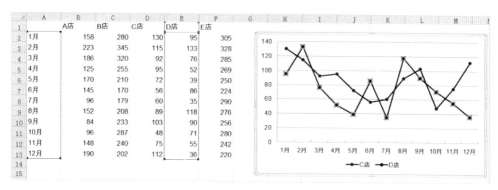

▲ 圖 123 快速產生相同格式的圖表 -5

 完成檔案「CH1.4-04 快速產生相同格式的圖表 - 繪製」之「02」工作表。

可以看見,新的圖表繪製完成,與原圖表的格式一致,只是資料不同而已。

1.4.4 ▶ 模仿繪製圖表

1.3.2 章節中,完成了「圖 48 多色彩的繪圖區填充色 -1」的部分繪製步驟,本章節將完成整張圖的繪製,步驟如下。

STEP 01 設定各「圖表元素」對應的儲存格欄寬和列高。

 ❶ 打開檔案「CH1.4-05 模仿繪製圖表 - 原始」之「原始」工作表。

❷ 將圖表移至 D 欄右側、第 12 列下側,即避開 B2~D12 儲存格(圖表區範圍)。

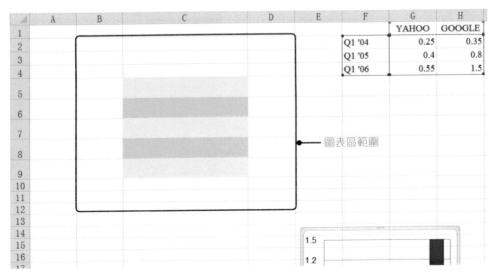

						YAHOO	GOOGLE
1							
2						Q1 '04	0.25	0.35
3						Q1 '05	0.4	0.8
4						Q1 '06	0.55	1.5

圖表區範圍

▲ 圖 124 模仿繪製圖表 -1

3 按住 A 欄、B 欄之間的間隔線,並向左移動。

4 移動間隔線的同時,觀察所顯示的「寬度」資料,看到「寬度:1.88(20 像素)」時,停止移動。

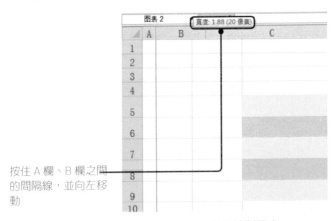

按住 A 欄、B 欄之間的間隔線,並向左移動

▲ 圖 125 模仿繪製圖表 -2

5 用類似的方法，將 B 欄寬度設定為「寬度：4.38（40 像素）」，將 D 欄寬度設定為「寬度：0.85（11 像素）」。

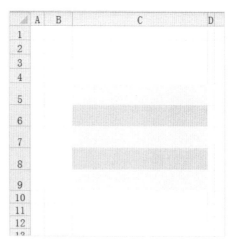

▲ 圖 126 模仿繪製圖表 -3

完成檔案「CH1.4-06 模仿繪製圖表 - 繪製」之「01」工作表。

6 按住第 2 和第 3 列間的間隔線，並向下移動。

7 移動間隔線的同時，觀察所顯示的「高度」資料，看到「高度：36.00（48 像素）」時，停止移動。

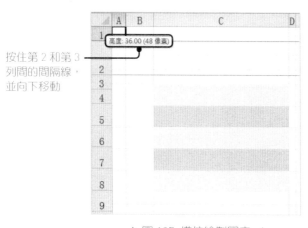

按住第 2 和第 3
列間的間隔線，
並向下移動

高度：36.00（48 像素）

▲ 圖 127 模仿繪製圖表 -4

8 用類似的方法，將第 3 列高寬度設定為「高度：45.00（60 像素）」，將第 4 列高寬度設定為「高度：17.75（21 像素）」，將第 10 列高寬度設定為「高度：21.75（29 像素）」，將第 11 列高寬度設定為「高度：11.25（15 像素）」，將第 12 列高寬度設定為「高度：4.50（6 像素）」。

 完成檔案「CH1.4-06 模仿繪製圖表 - 繪製」之「02」工作表。

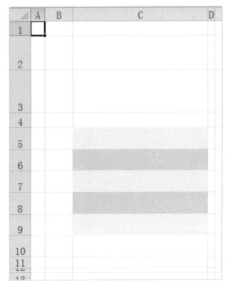

▲ 圖 128 模仿繪製圖表 -5

STEP 02 設定各「圖表元素」對應的儲存格色彩。

以「圖 48 多色彩的繪圖區填充色 -1」的配色為依據，在 C5~C9 周邊儲存格中填滿對應的色彩。結果如「圖 129 模仿繪製圖表 -6」所示。

 完成檔案「CH1.4-06 模仿繪製圖表 - 繪製」之「03」工作表。

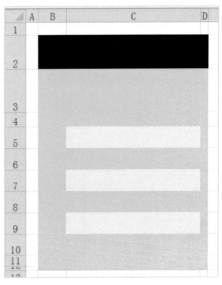

▲ 圖 129 模仿繪製圖表 -6

STEP 03 增加各「圖表元素」。

1 移動圖表，使得圖表格線恰好落在 C5~C9 儲存格的上邊緣，垂直座標軸恰好落在 C5~C9 儲存格的左邊緣和右邊緣。結果如「圖 52 多色彩的繪圖區填充色 -5」所示。

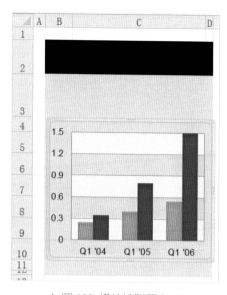

▲ 圖 130 模仿繪製圖表 -7

完成檔案「CH1.4-06 模仿繪製圖表 - 繪製」之「04」工作表。

2 選中 B2~D2 儲存格。

3 點擊工作列「常用」按鍵，並點擊「跨欄置中」。則 B2~D2 儲存格合併。

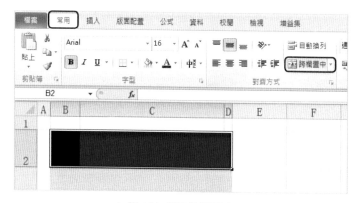

▲ 圖 131 模仿繪製圖表 -8

4 合併 B3~D3 儲存格。

5 合併 B11~D11 儲存格。

6 將「圖 48 多色彩的繪圖區填充色 -1」中
的「主副標題」和「腳註」分別鍵入 B2、
B3、B11 儲存格。

 完成檔案「CH1.4-06 模仿繪製圖表 - 繪製」
之「05」工作表。

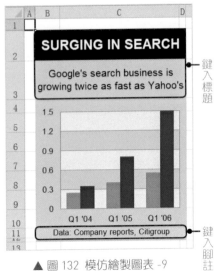

▲ 圖 132 模仿繪製圖表 -9

7 點擊工作列「插入」按鍵,並點擊「圖案」,選擇「矩形」。

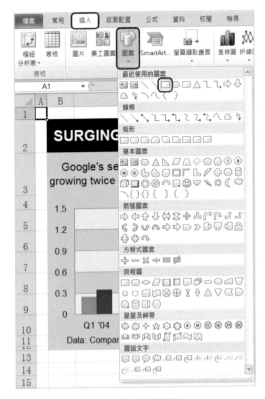

▲ 圖 133 模仿繪製圖表 -10

8 參考「圖 48 多色彩的繪圖區填充色 -1」中圖例的位置，在對應區域繪製「矩形」。

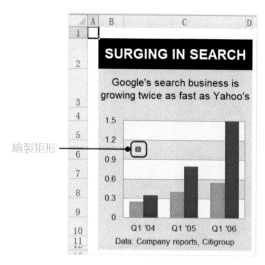

▲ 圖 134 模仿繪製圖表 -11

9 右鍵點擊所繪製的「矩形」，選擇「格式化圖案」。

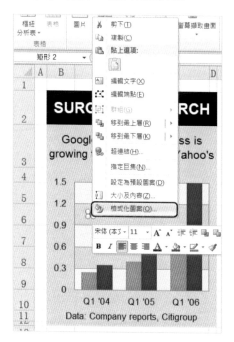

▲ 圖 135 模仿繪製圖表 -12

10 在彈出的「格式化圖案」對話方塊中，點擊「填滿」，將「填滿色彩」設定為 colorpix 軟體截取的 RGB（255,192,0）。

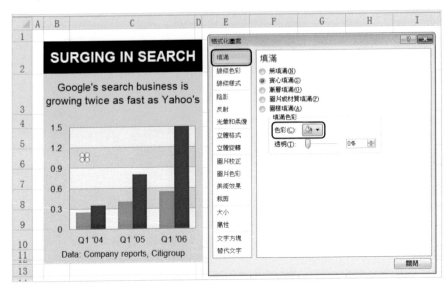

▲ 圖 136 模仿繪製圖表 -13

11 點擊「線條色彩」，選擇「無線條」。

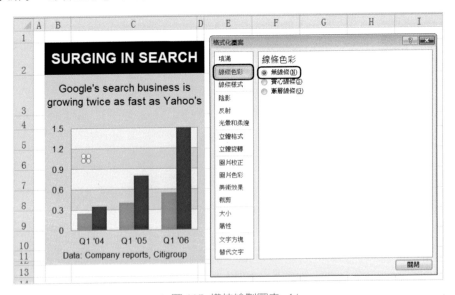

▲ 圖 137 模仿繪製圖表 -14

⓬ 點擊「關閉」。

⓭ 用同樣的方法繪製「藍色」圖例。結果如「圖 138 模仿繪製圖表 -15」所示。

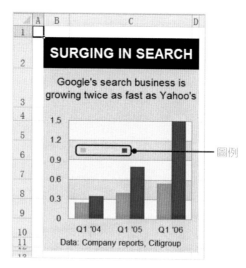

▲ 圖 138 模仿繪製圖表 -15

E 完成檔案「CH1.4-06 模仿繪製圖表 - 繪製」之「06」工作表。

⓮ 點擊工作列「插入」，並依次點擊「文字」、「文字方塊」。

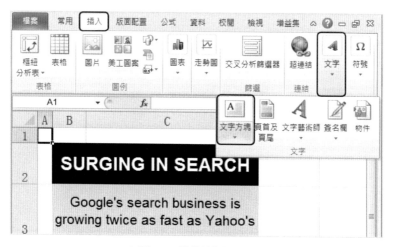

▲ 圖 139 模仿繪製圖表 -16

⑮ 參考「圖 48 多色彩的繪圖區填充色 -1」中圖例文字的位置，在對應區域繪製「文字方塊」，並鍵入「YAHOO！GOOGLE」。

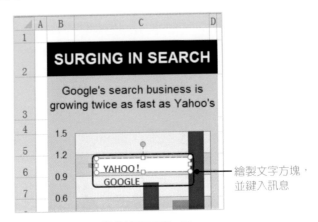

▲ 圖 140 模仿繪製圖表 -17

⑯ 選中「文字方塊」

⑰ 點擊工作列「常用」按鍵，在「字型大小」中鍵入「10」。

▲ 圖 141 模仿繪製圖表 -18

18 右鍵點擊「文字方塊」，選擇「格式化圖案」。

▲ 圖 142 模仿繪製圖表 -19

19 在彈出的「格式化圖案」對話方塊中，點擊「填滿」，選擇「無填滿」。

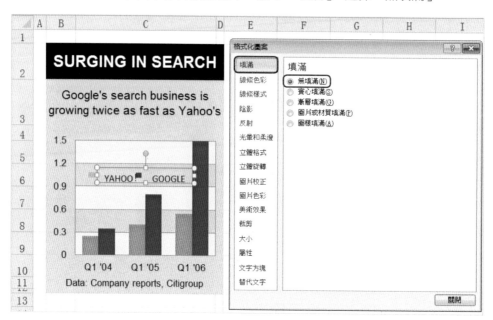

▲ 圖 143 模仿繪製圖表 -20

20 點擊「線條色彩」，選擇「無線條」。

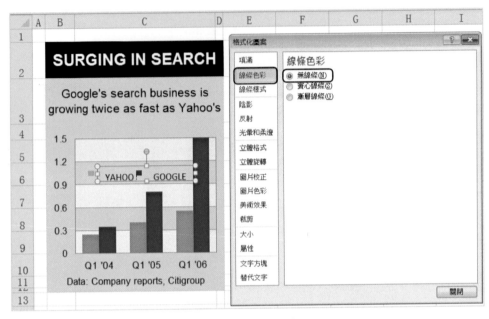

▲ 圖 144 模仿繪製圖表 -21

21 點擊「關閉」。

22 按住「文字方塊」並移動，直至「文字方塊」與圖例的位置相吻合。

23 用同樣的方法繪製「垂直座標軸標題」的「文字方塊」。結果如「圖 145 模仿繪製圖表 -22」所示。

完成檔案「CH1.4-06 模仿繪製圖表 - 繪製」之「07」工作表。

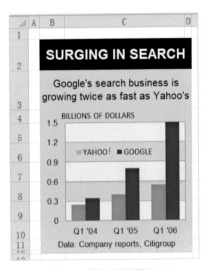

▲ 圖 145 模仿繪製圖表 -22

2

選擇合適的圖表類型

2.1　圖表基礎知識

2.2　直條圖

2.3　橫條圖

2.4　折線圖

2.5　區域圖

2.6　圓形圖

2.7　圓環圖

2.8　雷達圖

2.9　XY 散佈圖

2.10　氣泡圖

2.11　股價圖

2.12　直接用數字表達

2.13　EXCEL 圖表類型的
　　　變更和組合

2.14　技巧與實作

範例請於 http://goo.gl/82calC 下載

EXCEL 預設的圖表類型有 11 大類,每種類型又包括多種小類。如「圖 1 圖表類型」所示。

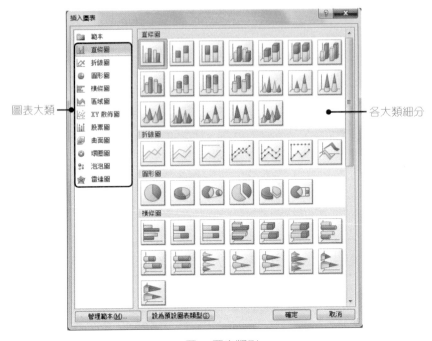

圖表大類

各大類細分

▲ 圖 1 圖表類型

面對資料表格,我們選擇哪種圖表類型呢?

 2.1
圖表基礎知識

決定採用何種圖表時,必須考慮圖表要表達的觀點是什麼,使用圖表的意義在哪裡。

◯ *Note*

通常,被表達的資料主要呈現 3 種性質。

1. 「數量」,表現量的差異。

2. 「趨勢」,表現時間和數量的變化關係。

3. 「比較」,表現不同資料間的差異。

上述 3 點在具體運用時會延伸出各種組合,例如「數量的推移」、「趨勢的比較」等。

 Note

圖形的走向也有 3 種方式。

1. 「**右上**」,常見於直條圖、折線圖等,通常由左向右推移,鑑於多數是成長和累積的資料,基本以「右上」為延伸方向。

2. 「**順時針**」,常見於比較性質的圓形圖、圓環圖等,起始位置均為時鐘 12 點的方向。

3. 「**放射狀**」,常見於以與中心點的距離為比較對象的雷達圖等。

以下章節將介紹 EXCEL 的基本圖表類型。

2.2 直條圖

「**直條圖**」將數量以豎立長條的方式顯示,善於比較不同時間節點的資料。我們在看「直條圖」時,習慣從左至右閱讀,因此直條圖水平軸的時間資料也是向右推移的。

「直條圖」有 3 種形態。

❖ **群組直條圖**

「群組直條圖」將數量的變化趨勢以「群組」的方式比較。可以是單數列的比較,也可以是多數列的比較。

「圖 2 群組直條圖」是由兩個數列組成的「群組直條圖」,對 GOOGLE 與 YAHOO 搜尋服務的營收成長作比較。

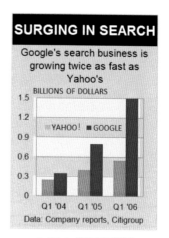

▲ 圖 2 群組直條圖

❖ 堆疊直條圖

「堆疊直條圖」將數量的變化趨勢以「堆疊」的方式比較。

「圖 3 堆疊直條圖」顯示「1990 年 -1998 年瑞典 GDP 組成及變化」。表明瑞典經濟恢復期間，出口迅速成長，投資恢復到經濟危機之前的水平。

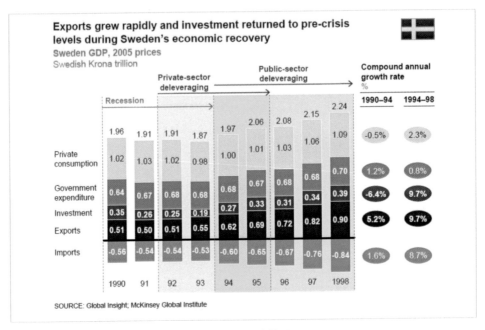

▲ 圖 3 堆疊直條圖

❖ 百分比堆疊直條圖

「百分比堆疊直條圖」 資料先換算成各數列加總，加總為 100%，然後比較數量的變化趨勢。

「圖 4 百分比堆疊直條圖」對 4 種商品的銷量和利潤的「百分比組成」做比較。

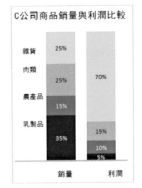

▲ 圖 4 百分比堆疊直條圖

Note

上述實例說明，繪製「直條圖」的要點如下。

❖ 資料標籤較複雜時，可以直接放置在「直條」的直條內。

❖ 堆疊圖中，可以考慮把圖例直接寫在垂直軸邊側，由於資料已直接標註在「直條」的直條中，垂直軸邊側無需再留座標軸。

❖ 「直條」與「直條」的間距宜小於「直條」的寬度。

❖ 堆疊圖中，由於資料已標識於「直條」的直條內，刪除格線。

❖ 有負數時，水平軸的標籤置於繪圖區的底部或外部，而非緊鄰水平軸的下方。

❖ 不要使用斜標籤（斜著顯示的標籤），避免讓讀者歪著腦袋看。

❖ 當資料數列很多時，應考慮用「折線圖」等表達方式，後續章節會作介紹。

❖ 「直條圖」等多數圖表類型帶有「立體效果」、「陰影效果」等附加功能，但專業圖表儘量不使用這些附加功能，即使有需要，也僅僅使用其最簡單的形態。

這些要點適用於以下所有圖表類型。

2.3 橫條圖

「**橫條圖**」從形狀上看，似乎僅僅是將「直條圖」橫過來，為什麼要區分「橫條圖」和「直條圖」呢？1、當要從上而下表現各分類的排列比較，「橫條圖」是最合適的。2、當分類標籤過長時，「直條圖」下方容納不了分類標籤，需用「橫條圖」表示。

「圖 5 橫條圖」便說明上述兩點。1、用橫條圖表示，能夠清晰地從上而下進行縱向比較。2、如果採用「直條圖」的方式，分類標籤「CEMENT、COTTON、RICE……」無法在同一列清晰顯示。

「橫條圖」和「直條圖」有較多類似之處。類似「直條圖」，「橫條圖」同樣有 3 種形態，不再贅述。

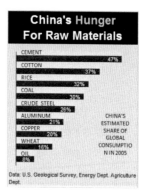

▲ 圖 5 橫條圖

○ *Note*

「直條圖」繪製的要點適用於「橫條圖」，繪製「橫條圖」的要點還包括以下幾點。

❖ 資料要從大到小排序，最大的排在最上面。或者從小到大排序，最小的排在最上面。前1種方法更常用。

❖ 有負數時，垂直軸的標籤置於繪圖區右部或外部，而非緊鄰垂直軸右方。

❖ 分類標籤的顯示過長時，可放在「橫條圖」的「橫條」間隔處。

2.4 折線圖

「**折線圖**」以「折線」的方式顯示數量，但「折線圖」的重點並不僅限於數量，而是注重推移的趨勢，即善於表現隨時間變化的連續資料。和「直條圖」相比，「折線圖」聚焦於資料的落差和變化，可以透過「折線」的角度確定資料變化的程度。

類似「直條圖」，「折線圖」同樣有3種形態，不再贅述。但若使用「堆疊折線圖」會造成誤判，則要用「區域圖」代替，之後會作介紹。

○ *Note*

繪製「折線圖」的要點如下。

❖ 「折線」足夠粗，明顯粗過格線、警戒線等非資料元素。為美觀起見，「折線」粗細宜與座標軸的粗細一致。

❖ 一般不使用資料標籤，即僅顯示「折線」本身而已。在線條末端或起始端，可根據需要補上資料標籤。對於不同的「折線」，應使用相同的資料標籤。

❖ 圖例按需使用，也可將圖例直接標註在「折線」邊。

❖ 為了放大「折線」的波動幅度，會使用非以零點為起點的座標，此時要使用「折線圖」而非「直條圖」，不然會引起誤解。注意，在「折線圖」垂直軸的零點與資料起點之間，一定要用「截斷標記」，以免造成誤解。

❖ 當比較對象較多時，要使用「折線圖」而非「直條圖」，「折線圖」的顯示清晰、明瞭。但如果比較對象實在過多，要考慮分開作圖，後續章節會作介紹。

Note

❖ EXCEL 預設的「折線圖」起點,位於水平軸的最初兩個刻度線之間,如「圖 6 折線圖 -1」所示的「起點」。同時,終點位於水平軸的最後兩個刻度線之間,如「圖 6 折線圖 -1」所示的「終點」。

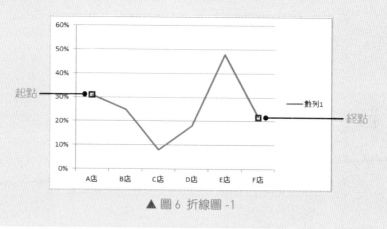

▲ 圖 6 折線圖 -1

專業圖表的折線圖一般是跨越整個繪圖區的,即起點和終點位於繪圖區的兩端,每個資料點均落在水平軸刻度線的垂直線上。要改變資料點的落點位置,步驟如下。

1️⃣ 打開檔案「CH2.4-01 折線圖 - 原始」之「原始」工作表。

2️⃣ 右鍵點擊水平軸,選擇「座標軸格式」。

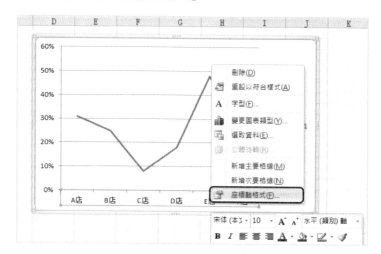

▲ 圖 7 折線圖 -2

❸ 在彈出的「座標軸格式」對話方塊中，點擊「座標軸選項」，「座標軸位置」選擇「刻度上」。

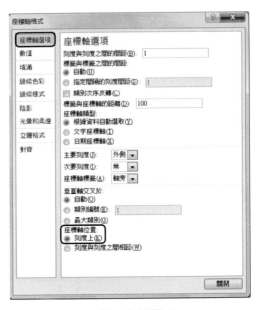

▲ 圖 8 折線圖 -3

❹ 點擊「關閉」。

「折線」跨越整個繪圖區，且水平軸標籤由「刻度線中間」移動到「刻度線下方」。結果如「圖 9 折線圖 -4」所示。

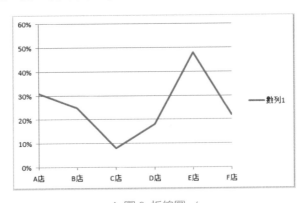

▲ 圖 9 折線圖 -4

完成檔案「CH2.4-02 折線圖 - 繪製」之「01」工作表。

2.5 區域圖

「**區域圖**」看起來像是將「折線圖」以「區域」的方式表現,但實際上更接近「直條圖」的形式,表現量的變化。區域圖善於同時表現數量、變化趨勢、數量的比較。

區域圖有 3 種形態。

❖ (普通)區域圖

「(普通)區域圖」結合「直條圖」和「折線圖」的優點,表現隨時間而變化的連續的量。

「圖 10 區域圖 -1」顯示「股票價格以及其變化趨勢」。

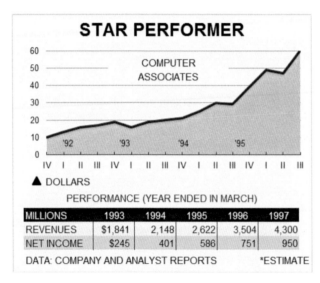

▲ 圖 10 區域圖 -1

❖ 堆疊區域圖

「堆疊區域圖」以山形的推移變化比較資料資訊。

「圖 11 區域圖 -2」顯示「1975 年至 2011 年,美國各類組織的債務組成及變化」。

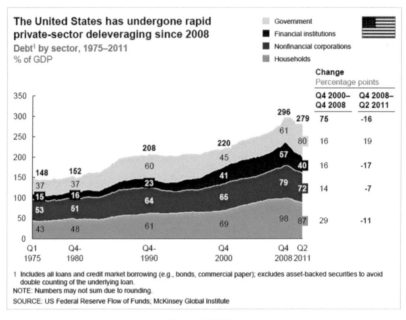

The United States has undergone rapid private-sector deleveraging since 2008

Debt[1] by sector, 1975–2011
% of GDP

Legend:
- Government
- Financial institutions
- Nonfinancial corporations
- Households

1 Includes all loans and credit market borrowing (e.g., bonds, commercial paper); excludes asset-backed securities to avoid double counting of the underlying loan.
NOTE: Numbers may not sum due to rounding.
SOURCE: US Federal Reserve Flow of Funds; McKinsey Global Institute

▲ 圖 11 區域圖 -2

❖ **百分比堆疊區域圖**

「百分比堆疊區域圖」,將資料先換算成各數列加總,加總為 100%,然後比較各數列的相對數值。

「圖 12 區域圖 -3」顯示「男女人數構成比例加總為 100% 時,男女構成比率與 A 公司客戶平均消費趨勢的變化」。

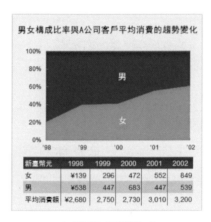

男女構成比率與A公司客戶平均消費的趨勢變化

新臺幣元	1998	1999	2000	2001	2002
女	¥139	296	472	552	849
男	¥538	447	683	447	539
平均消費額	¥2,680	2,750	2,730	3,010	3,200

▲ 圖 12 區域圖 -3

○ *Note*

繪製「區域圖」的要點如下。

❖ 「堆疊區域圖」中，由於下層的資料會影響堆疊在其上的資料，因此資料值越大、變化幅度越小的資料，應置於繪圖區的越下方。

❖ 「堆疊區域圖」中，僅最靠近水平軸的數列可以看出變化趨勢，其他的數列因為沒有固定的底座而難以看出變化趨勢。

❖ 當資料分類較多時，圖例和資料值可以直接標註在圖形上。

❖ 當僅有 1 個資料數列時，「折線圖」和「區域圖」的效果幾乎一樣，但如果要讓觀眾遠距離看清圖表，區域圖的效果更好。

❖ 當資料數列較多時，應優先考慮「折線圖」，此時若使用「區域圖」，可能出現資料數列相互遮擋的情況，難以判斷「區域圖」是「普通區域圖」還是「堆疊區域圖」。

2.6 圓形圖

「**圓形圖**」將資料換算成百分比，以 360 度的「圓形」來表示，是比率形式的圖表。「圓形圖」適合將多個資料做簡單的百分比比較。若將整個「圓形」的面積表示為 100%，則可清晰顯示各分類在總體中的占比。

事實上，很多情況下的「圓形圖」可以用「橫條圖」替代，「橫條圖」也更容易表達資料點之間的差異，但「圓形圖」能夠表現整體和構成的效果，看到「圓形圖」便能聯想到「加總為 100%」，「橫條圖無法表達這點。

圓形圖主要有 4 類。

❖ **（普通）圓形圖**

「（普通）圓形圖」將各分類資料拼接在一個完整的餅狀圓形中，加總為 100%。

「圖 13 圓形圖 -1」是簡潔、清晰的圓形圖形式。表現「美國鐵路融資中，各業務的私有化程度預估」。

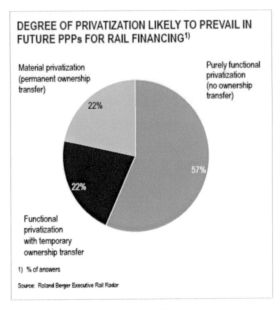

▲ 圖 13 圓形圖 -1

❖ 分離型圓形圖

「分離型圓形圖」將各分類資料以扇形區為單位，拼接成類似餅狀圖形，每一扇形區之間都可設定間隙。

「圖 14 圓形圖 -2」中的左圖是 1 個扇形區與其他扇形區分開的情況，「圖 14 圓形圖 -2」中的右圖是 3 個扇形區都分開的情況。

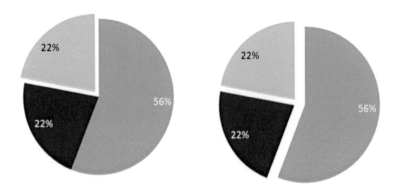

▲ 圖 14 圓形圖 -2

❖ 複合圓形圖

「複合圓形圖」對某個分類單獨再做子圓形圖分析。

「圖 15 圓形圖 -3」左側圓形圖的灰色扇形區（22%），進一步細化成右側的圓形圖。

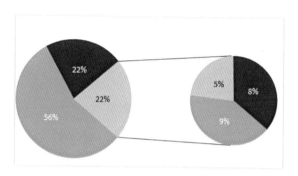

▲ 圖 15 圓形圖 -3

注意，「複合圓形圖」的資料表格設定是有要求的，應按下列步驟設定。

1 打開檔案「CH2.6-03 圓形圖 - 原始」之「原始」工作表。

「原始」工作表中，A1~A3 儲存格的資料，對應「圖 15 圓形圖 -3」中母圓形圖的資料。而 B1~B3 儲存格的資料，對應「圖 15 圓形圖 -3」中子圓形圖的資料。

2 將母圓形圖資料疊加子圓形圖資料，顯示在資料表格的同一欄中。如「圖 16 圓形圖 -4」所示。

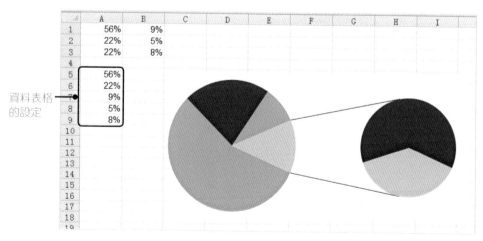

▲ 圖 16 圓形圖 -4

3 EXCEL 預設，資料表格中最後兩個資料為子圓形圖的資料，其餘資料均為母圓形圖的資料。

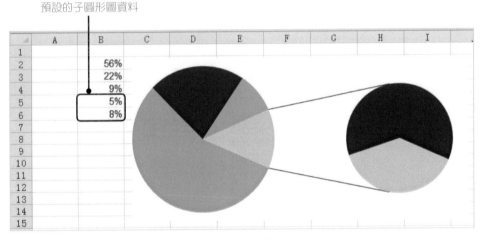

▲ 圖 17 圓形圖 -5

4 右鍵點擊圖形中任意「資料數列」，選擇「資料數列格式」。

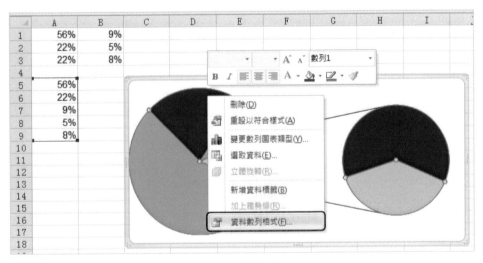

▲ 圖 18 圓形圖 -6

5 在彈出的「資料數列格式」對話方塊中，點擊「數列選項」，「第二區域包含之前的」右側選擇「3」。

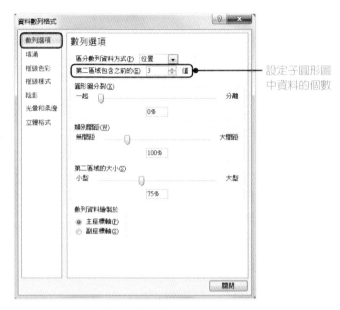

設定子圓形圖中資料的個數

▲ 圖 19 圓形圖 -7

6 點擊「關閉」。

7 「複合圓形圖」如「圖 20 圓形圖 -8」所示，資料表格中最後 3 個資料為子圓形圖的資料，其餘資料為母圓形圖的資料。

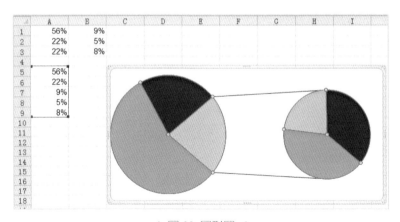

▲ 圖 20 圓形圖 -8

 完成檔案「CH2.6-04 圓形圖 - 繪製」之「01」工作表。

❖ **複合條圓形圖**

與「複合圓形圖」相比,「複合條圓形圖」的子圓形圖部分用條形方式呈現,
而非用圓形方式呈現。「圖 21 圓形圖 -9」中,子圓形圖即為條形格式

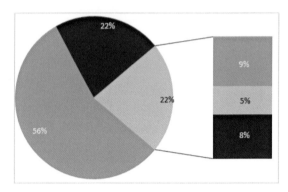

▲ 圖 21 圓形圖 -9

2.7 圓環圖

從形狀看,去掉「圓形圖」的中央部分便成了「圓環圖」。雖然兩者形
狀相似,但實際用途卻有不同。「**圓環圖**」不僅只是以中間空白為特
點,用法上更有多處與「圓形圖」不同。

Note

繪製「圓形圖」的要點如下。

❖ 扇形區不宜過多,不宜超過 7 個扇形區。超出的部分可用「其他」表示,「其他」
  扇形區通常用灰色填充。

❖ 如果扇形區較多,將扇形區從大到小順時針排序,第 1 扇形區從 12 點位置開始。
  也可以從小到大排序,但這種方式並不常用。

❖ 儘量不使用圖例,不使用引導線(資料標籤連接線),分類和資料資訊直接標識
  在扇形區上或扇形區邊。

❖ 儘量不要使用「分離型圓形圖」中「全部分離」(全部展開)的效果。可以使用
  單一扇形區彈出的「分離型圓形圖」,以突顯要強調的資料。

「圓環圖」與「圓形圖」的主要不同之處包括如下幾點。

❖ 「圓環圖」可在中間空白處加注說明資訊。

❖ 使用二重「圓環圖」，可以直接比較不同資料間的差異，而「圓形圖」無法表現出推移的趨勢並比較效果。

「圖 22 圓環圖 -1」中的「圓環圖」，表達的是「某公司的商品在店面和網路商店的銷量對比，以及廣告對於商品銷售的影響」。店面和網路商店的銷售狀況分作兩個圓環圖顯示。

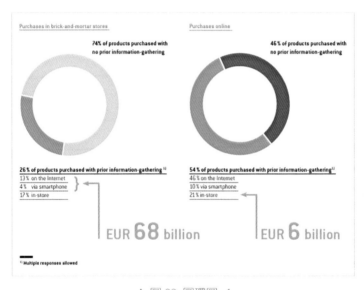

▲ 圖 22 圓環圖 -1

我們也可以將上述兩個「圓環圖」合併成「二重圓環圖」，比較起來更加直觀，如「圖 23 圓環圖 -2」所示。但同時帶來弊端，即原本分別顯示在兩個「圓環圖」中的大量資料資訊，無法在 1 張「二重圓環圖」中清晰顯示。因此，在做資料比較時，我們可以根據實際情況決定所採用的表達方式。

▲ 圖 23 圓環圖 -2

「圓環圖」的繪製要點與「圓形圖」是類似的。

2.8 雷達圖

「**雷達圖**」藉由資料與中心點的距離,利用蜘蛛網狀的圖表,以同心圓的方式,表達多個資料的資訊。「雷達圖」適用於傾向分析,常用於與競爭對手的比較等場合。

雷達圖有 3 種類型。

❖ (普通)雷達圖

「(普通)雷達圖」是用折線表達的雷達圖。

「圖 24 雷達圖 -1」中,3 條圍合折線分別代表 3 家公司的商品滿意度調查結果。

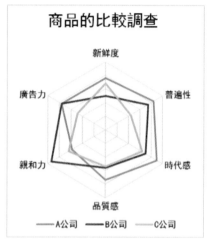

▲ 圖 24 雷達圖 -1

❖ 帶資料標記的雷達圖

「帶資料標記的雷達圖」中,折線與資料軸交匯處有資料標記。

「圖 25 雷達圖 -2」中,3 條圍合折線是帶資料標記的。

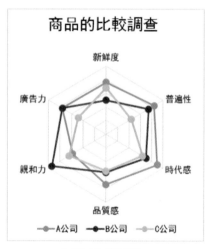

▲ 圖 25 雷達圖 -2

❖ 填滿式雷達圖

「填滿式雷達圖」中，折線所圈出的範圍內填充色彩。

「圖 26 雷達圖 -3」中，3 條圍合折線變成了 3 塊填充色塊。

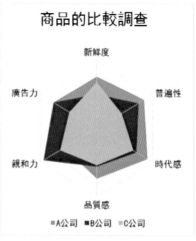

▲ 圖 26 雷達圖 -3

🔵 *Note*

繪製「雷達圖」的要點如下。

❖ 代表不同分類的色彩要鮮明可辨。

❖ 弱化格線和座標軸，條形細且色淡。

❖ 需要使用資料標記時，儘量選擇圓點標記。

❖ 座標軸標籤的顯示儘量不要與圖形重疊。

2.9 XY 散佈圖

一般的圖表，用水平軸、垂直軸顯示資料。而「**XY 散佈圖**」是不區分水平軸和垂直軸的。

🔵 *Note*

1. 「XY 散佈圖」通常用於顯示兩個或多個資料之間的關係。例如表現相關性的資料，又如進行比較評價的資料。

2. 表現資料間相關性的「XY 散佈圖」，包括「正相關性」和「負相關性」。

3. 對資料進行比較評價的「XY 散佈圖」，可以用點表示不同資料間的「相對位置」和「絕對位置」。

「圖 27 XY 散佈圖 -1」是表達相關性的「XY 散佈圖」。A 商品銷量與溫度呈正相關，B 商品銷量與溫度呈負相關。

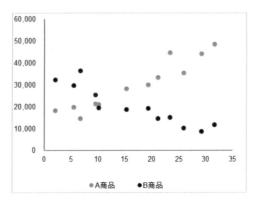

▲ 圖 27 XY 散佈圖 -1

「圖 28 XY 散佈圖 -2」是表達比較評價的「XY 散佈圖」，該圖將「各公司進行前兩季商品滿意度調查的結果」表現在同一張圖表上。

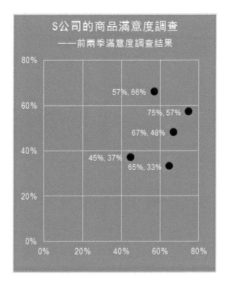

▲ 圖 28 XY 散佈圖 -2

進行比較評價的「XY 散佈圖」，有時用象限表達更加直觀，以辨別不同變數的表現。「圖 29 XY 散佈圖 -3」給出 5 款商品的口味評價，水平軸評價由「濃烈」至「清淡」，垂直座標軸評價由「甜味」至「酸味」。

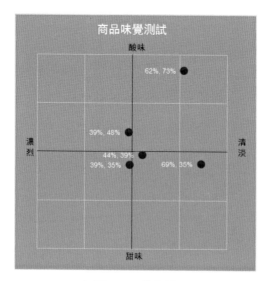

▲ 圖 29 XY 散佈圖 -3

「圖 29 XY 散佈圖 -3」中，座標軸交匯於圖表中心，交匯點的設定可以修改，步驟如下。

 ❶ 打開檔案「CH2.9-05 XY 散佈圖 - 原始」之「原始」工作表。

❷ 右鍵點擊垂直軸，選擇「座標軸格式」。

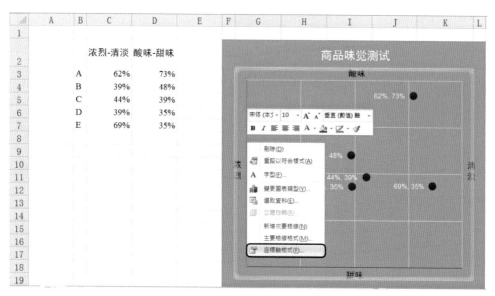

▲ 圖 30 XY 散佈圖 -4

③ 在彈出的「座標軸格式」對話方塊中，點擊「座標軸選項」，「水平軸交叉於」
選擇「座標軸數值」，並將「座標軸數值」右側的「0.0」改寫為「0.4」。

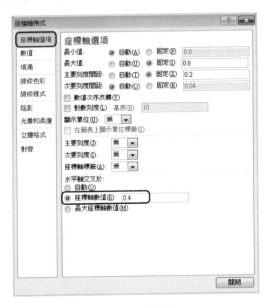

▲ 圖 31 XY 散佈圖 -5

④ 點擊「關閉」。

⑤ 水平軸由繪圖區底部移動到繪圖區中間。

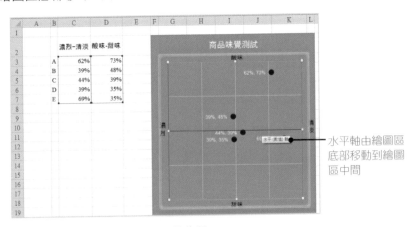

▲ 圖 32 XY 散佈圖 -6

完成檔案「CH2.9-06 XY 散佈圖 - 繪製」之「01」工作表。

6 用同樣的方法設定水平軸的「座標軸選項」。

7 垂直軸由繪圖區左側移動到繪圖區中間。

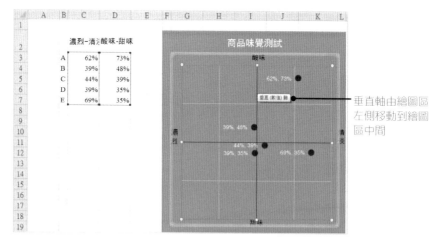

垂直軸由繪圖區
左側移動到繪圖
區中間

▲ 圖 33 XY 散佈圖 -7

 完成檔案「CH2.9-06 XY 散佈圖 - 繪製」之「02」工作表。

2.10 氣泡圖

「XY 散佈圖」可以表達兩個維度的資訊，如果要再增加「量」的資訊，可以用「**氣泡圖**」表示。

○ *Note*

「氣泡圖」是在「XY 散佈圖」基礎上，借用氣泡的大小表達量的資訊。與「XY 散佈圖」相同，「氣泡圖」不區分水平軸和垂直軸。「圖 34 氣泡圖」將不同店面的銷售業績、成長率、人均消費額 3 類資訊表達在同一張圖上。

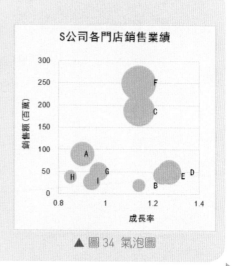

▲ 圖 34 氣泡圖

股價圖

「**股價圖**」是用來顯示資料的波動。除了「股價」以外,「股價圖」可以顯示每天或每年溫度的波動。

「股價圖」資料在工作表中的組織方式非常重要。例如,要建立「盤高 - 盤低 - 收盤」股價圖,應根據「盤高」、「盤低」和「收盤」次序輸入欄標題並排列資料。

股價圖有 4 種類型。

❖ **「盤高 - 盤低 - 收盤」圖**

「盤高 - 盤低 - 收盤」圖顯示高盤價、低盤價、收盤價。

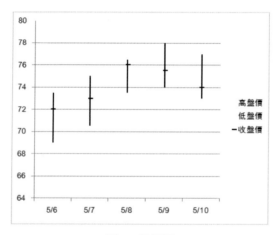

▲ 圖 35 股價圖 -1

資料表格中,上述 3 個資料數列需按序排列。

	開盤價	高盤價	低盤價	收盤價
5/6	73	73.5	69	72
5/7	71	75	70.5	73
5/8	73.5	76.5	73.5	76
5/9	77	74	78	75.5
5/10	76	77	73	74

▲ 圖 36 股價圖 -2

❖ 「開盤 - 盤高 - 盤低 - 收盤」圖

「開盤 - 盤高 - 盤低 - 收盤」圖，顯示開盤價、高盤價、低盤價、收盤價。資料表格中，上述 4 個資料數列需按序排列。

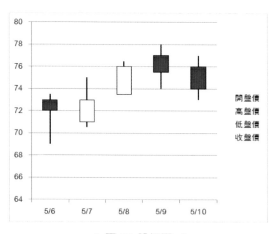

▲ 圖 37 股價圖 -3

❖ 「成交量 - 盤高 - 盤低 - 收盤」圖

「成交量 - 盤高 - 盤低 - 收盤」圖，顯示成交量、高盤價、低盤價、收盤價。資料表格中，上述 4 個資料數列需按序排列。由於需要同時表示量和價，EXCEL 自動使用主副兩個垂直座標軸。

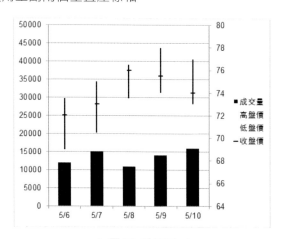

▲ 圖 38 股價圖 -4

❖ 「成交量 - 開盤 - 盤高 - 盤低 - 收盤」圖

「成交量 - 開盤 - 盤高 - 盤低 - 收盤」圖，顯示成交量、開盤價、高盤價、低盤價、收盤價。資料表格中，上述 5 個資料數列需按序排列。由於需要同時表示量和價，EXCEL 自動使用主副兩個垂直座標軸。

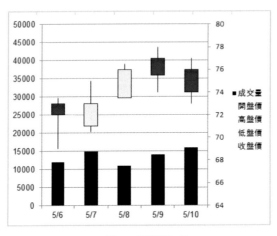

▲ 圖 39 股價圖 -5

2.12 直接用數字表達

> *Note*
>
> 1. 當我們局限於 EXCEL 的各種圖表類型時，或許會把簡單的事情複雜化。有些情況下，從圖表類型中跳脫出來，能用最直截了當的方式清晰表達觀點。
> 2. 例如，手動繪製「直條圖」，並直接用數字表明重要訊息。
> 3. 又如，將最重要的數字直接用大字型標識。

「圖 40 直接用數字表達 -1」左半部的紅底白色字型，使用「直條圖」表示「全球各地區半導體銷售額與上年 1 月銷售額的比較」，右半部的黑底白色字型直接用數字表明「當年銷售額相比上年的成長率」。「成長率」的表達沒有採用任何圖表類型，但清晰易懂、目的明確。

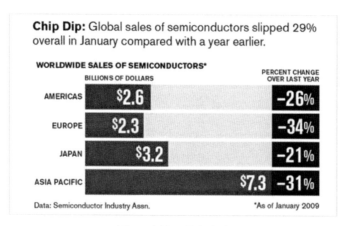

▲ 圖 40 直接用數字表達 -1

再看一例完全用數字表達的圖表。該例表達了「全球勇向清潔能源的風險投資金額猛增」的情況。透過標題、數字色彩和字型大小的變化，「圖 41 直接用數字表達 -2」突出要表達的資訊，將最重要的數字用大號標識。這樣的表達方式適用於資料為單一數列的情況。

Follow the Money

Around the globe, capital rushing into clean-energy ventures
jumped 62% in 2005

2004	2005
30 Billion	**48.** Billion

Data: ******

▲ 圖 41 直接用數字表達 -2

2.13 EXCEL 圖表類型的變更和組合

○ *Note*

1. 上述 EXCEL 的各種圖表類型已足夠從準確、簡潔、專業、美觀的角度表達資料資訊，未必要借助更加繁複的工具。

2. 同一份報告中，要儘量減少圖表類型的數量，在同樣的場景中使用相同的圖表類型，閱讀起來更便於理解，不需要額外的文字解釋，同時也表現言簡意賅、一脈相承的特點。

3. 同一張圖表中，為了表達資料的需要，可以組合多種圖表類型。如果同一張圖表中有兩個資料數列，且兩者的資料差異較大，可以透過設定「主副垂直軸」，使得兩個資料數列均能清晰顯示。

實際操作中，選擇圖表類型時，我們要先分析資料並提煉出有效資訊，找出所要表達資訊的資料關係，明確圖表要表達的觀點和主題，瞭解所要強調的重點，然後決定選擇何種圖表類型以及具體的表達方式，最後繪製圖表並進行美化和檢查。

同時，我們也可以在不同的圖表類型中切換，或將多種圖表類型組合在同一張圖表中。

例如要將已產生的「折線圖」變成「直條圖」，步驟如下。

1 打開檔案「CH2.13-01 變更圖表類型 - 原始」之「原始」工作表。

2 右鍵點擊繪圖區，選擇「變更圖表類型」。

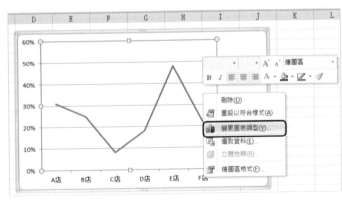

▲ 圖 42 變更圖表類型 -1

❸ 在彈出的「變更圖表類型」對話方塊中，選擇「直條圖」。

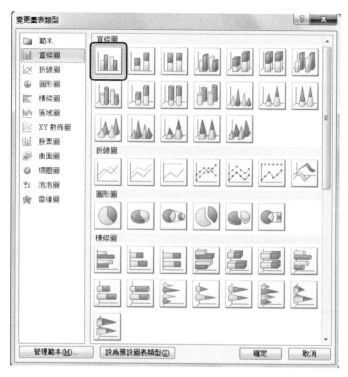

▲ 圖 43 變更圖表類型 -2

❹ 點擊「確定」。

❺ 圖表類型變成了「直條圖」。

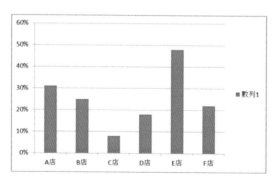

▲ 圖 44 變更圖表類型 -3

完成檔案「CH2.13-02 變更圖表類型 - 繪製」之「01」工作表。

由於 EXCEL 圖表中的每個資料數列均可設定獨立的圖表類型，因此，同一張圖表中可以組合多種圖表類型。對於各種組合，可以先產生較簡單的「直條圖」、「折線圖」等，之後再針對各資料數列分別修改圖表類型。設定「組合圖表類型」的步驟如下。

1 打開檔案「CH2.13-03 設定組合圖表類型 - 原始」之「原始」工作表。

圖表類型為「群組直條圖」。

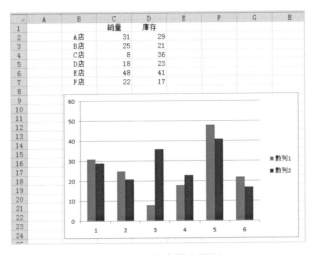

▲ 圖 45 設定組合圖表類型 -1

2 右鍵點擊「數列 2」的深紅色直條直條，選擇「變更數列圖表類型」。

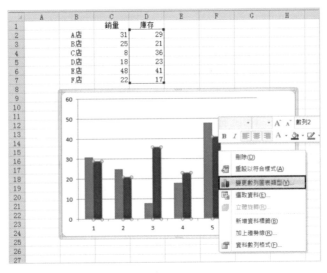

▲ 圖 46 設定組合圖表類型 -2

❸ 在彈出的「變更圖表類型」對話方塊中,選擇「折線圖」的第 1 種。

▲ 圖 47 設定組合圖表類型 -3

❹ 點擊「確定」。

❺「群組直條圖」修改為「線柱圖」了。

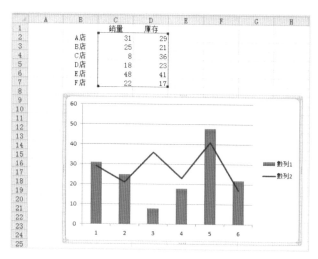

▲ 圖 48 設定組合圖表類型 -4

完成檔案「CH2.13-04 設定組合圖表類型 - 繪製」之「01」工作表。

「圖 48 設定組合圖表類型 -4」中，兩個資料數列的資料值較為接近（均在 0-100 範圍內），當資料差異較大時（例如數列 1 的資料範圍是 0-1，數列 2 的資料範圍是 0-100），小資料會被大資料擠壓成 1 條接近於「0」的水平線。為了使兩類資料數列均能清晰顯示，要設定「主副垂直軸」。設定步驟如下。

❶ 打開檔案「CH2.13-05 設定主副垂直軸 - 原始」之「原始」工作表。

❷ 右鍵點擊「數列 2」的折線，選擇「資料數列格式」。

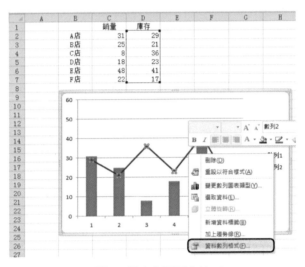

▲ 圖 49 設定主副垂直軸 -1

❸ 在彈出的「資料數列格式」對話方塊中，點擊「數列選項」，選擇「副座標軸」。

▲ 圖 50 設定主副垂直軸 -2

4 點擊「關閉」。

5 圖形顯示「雙垂直軸」，左側的垂直軸是「主垂直軸」，即「直條圖」的座標軸，右側的垂直軸是「副垂直軸」，即「折線圖」的座標軸。

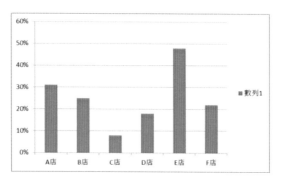

▲ 圖 51 設定主副垂直軸 -3

完成檔案「CH2.13-06 設定主副垂直軸 - 繪製」之「01」工作表。

技巧與實作

2.14

EXCEL 的圖表類型豐富多樣，當我們遇到實際問題時如何選擇呢？

例如，W 公司調查員工對公司運作的看法，調查 容包括「員工間溝通」、「團隊創新意識」、「團隊合作意識」等 10 個方面，每項調查包括「滿意」、「一般」、「不滿意」3 種答案。調查結果如「圖 52 選擇圖表類型並繪製 -1」所示。

W公司員工對公司運作的看法調查			
	滿意	一般	不滿意
員工間溝通	66	25	9
團隊創新意識	63	27	10
團隊合作意識	60	28	12
職業發展和培訓	55	34	11
工作環境	54	26	20
員工績效管理	54	25	21
工作滿意度	52	30	18
領導管理效力	48	36	16
工資	46	31	23
公司福利	35	24	41
*數量代表人次			

▲ 圖 52 選擇圖表類型並繪製 -1

現要對上述統計結果作圖顯示，我們應選擇哪種圖表類型，如何繪製圖表呢？

考慮到每項調查的內容的員工總數不變，3 類評價的資料量級差異不大，因此，為了顯示每項資料的同時顯示加總為 100% 的情況，選擇「百分比堆疊圖」。由於調查項目的名稱較長，所以選擇「百分比堆疊橫條圖」。 圖表繪製步驟如下。

STEP 01 建立「百分比堆疊橫條圖」。

❶ 打開檔案「CH2.14-01 選擇圖表類型並繪製 - 原始」之「原始」工作表。

❷ 選中 B3~D12 儲存格。

❸ 點擊工作列「插入」按鍵，並點擊「橫條圖→百分比堆疊橫條圖」。

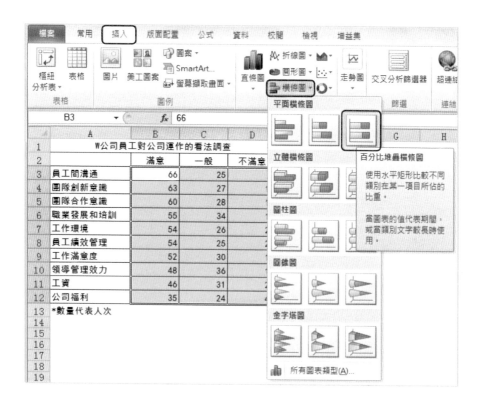

4 EXCEL 產生「百分比堆疊橫條圖」。

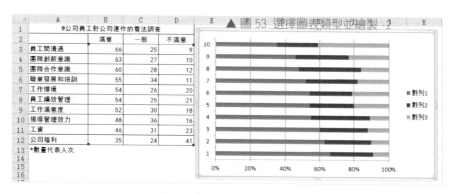

▲ 圖 54 選擇圖表類型並繪製 -3

E 完成檔案「CH2.14-02 選擇圖表類型並繪製 - 繪製」之「01」工作表。

⑤ 右鍵點擊繪圖區,選擇「選取資料」。

⑥ 在彈出的「選取資料來源」對話方塊中,點擊「水平(分類)軸標籤」的「編輯」選項。

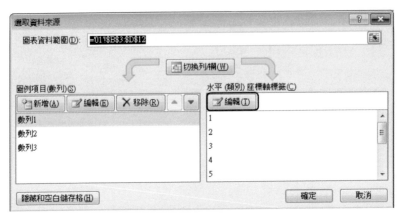

▲ 圖 55 選擇圖表類型並繪製 -4

⑦ 在彈出的「座標軸標籤」對話方塊中,點選 A3~A12 儲存格,則調查項目的標籤增加完成。

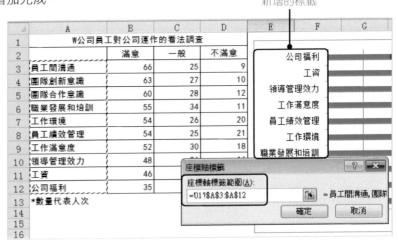

▲ 圖 56 選擇圖表類型並繪製 -5

📖 完成檔案「CH2.14-02 選擇圖表類型並繪製 - 繪製」之「02」工作表。

8 依次在兩個對話方塊中點擊「確定」。

9 選中圖表區。

10 點擊工作列「圖表工具→版面配置」按鍵,並點擊「資料標籤→置中」。

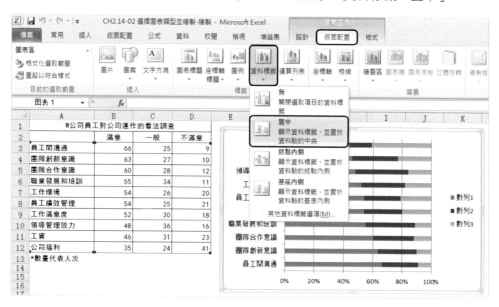

▲ 圖 57 選擇圖表類型並繪製 -6

「資料標籤」顯示在各橫條上。

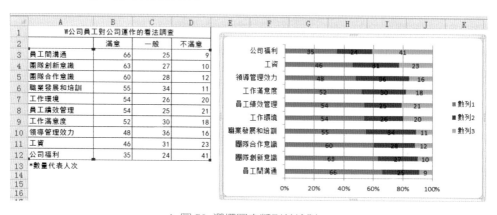

▲ 圖 58 選擇圖表類型並繪製 -7

完成檔案「CH2.14-02 選擇圖表類型並繪製 - 繪製」之「03」工作表。

STEP 02 調整橫條間距。

1️⃣ 右鍵點擊任意橫條,選擇「資料數列格式」。

2️⃣ 在彈出的「資料數列格式」對話方塊中,點擊「數列選項」,將「類別間距」中的「150%」改寫為「50%」。

▲ 圖 59 選擇圖表類型並繪製 -8

3️⃣ 點擊「關閉」。

4️⃣ 橫條間距增加,資料標籤完全顯示在橫條。

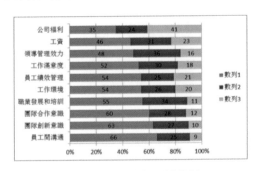

▲ 圖 60 選擇圖表類型並繪製 -9

 完成檔案「CH2.14-02 選擇圖表類型並繪製 - 繪製」之「04」工作表。

STEP 03 修改圖形色彩以及資料標籤色彩。

1 右鍵點擊「數列 1」的任意橫條，選擇「資料數列格式」。

2 在彈出的「資料數列格式」對話方塊中，點擊「填滿」，選擇「實心填滿」。「填滿色彩」的 RGB 值設定為（225,34,36）。

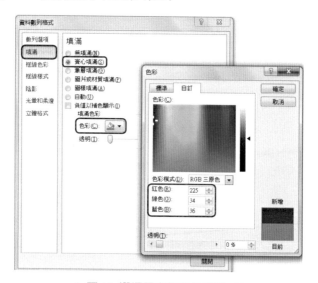

▲ 圖 61 選擇圖表類型並繪製 -10

3 點擊「關閉」。

4 對於「數列 2」和「數列 3」的橫條填滿色彩，做相同的操作。結果如「圖 62 選擇圖表類型並繪製 -11」所示。

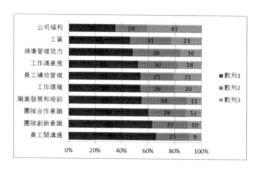

▲ 圖 62 選擇圖表類型並繪製 -11

 完成檔案「CH2.14-02 選擇圖表類型並繪製 - 繪製」之「05」工作表。

5 選中「數列1」的資料標籤。

6 點擊工作列「常用」按鍵，並在「字型色彩」中選擇「白色」。

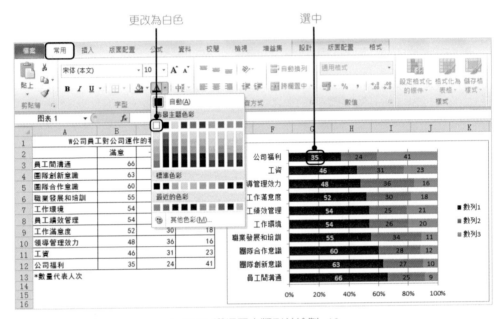

▲ 圖 63 選擇圖表類型並繪製 -12

7 對於「數列2」和「數列3」的資料標籤色彩，做相同的操作。

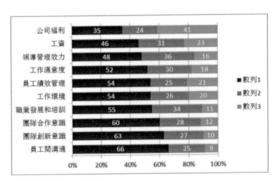

▲ 圖 64 選擇圖表類型並繪製 -13

完成檔案「CH2.14-02 選擇圖表類型並繪製 - 繪製」之「06」工作表。

STEP 04 刪除水平軸及水平軸標籤。

1 選中水平軸標籤。

2 按下「Del」按鍵。

3 水平軸及水平軸標籤消失了。

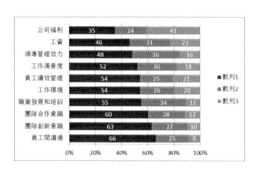

▲ 圖 65 選擇圖表類型並繪製 -14

完成檔案「CH2.14-02 選擇圖表類型並繪製 - 繪製」之「07」工作表。

STEP 05 刪除垂直軸刻度線。

1 右鍵點擊垂直軸,選擇「座標軸格式」。

2 在彈出的「座標軸格式」對話方塊中,點擊「座標軸選項」,「主要刻度」選擇「無」。

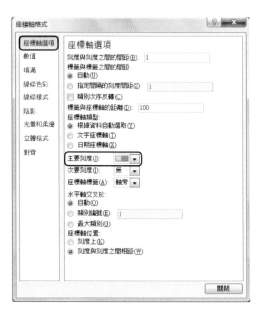

▲ 圖 66 選擇圖表類型並繪製 -15

3 點擊「關閉」。

4 垂直軸刻度線消失了。

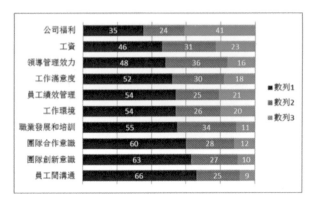

▲ 圖 67 選擇圖表類型並繪製 -16

 完成檔案「CH2.14-02 選擇圖表類型並繪製 - 繪製」之「08」工作表。

STEP 06 刪除格線。

1 選中「格線」。

2 按下「Del」按鍵。

3 格線消失了。

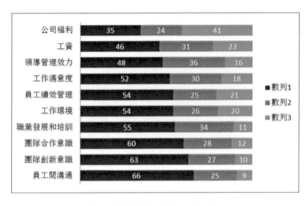

▲ 圖 68 選擇圖表類型並繪製 -17

STEP 07 修改圖例。

1 選中「圖例」。

2 按下「Del」按鍵。

3 圖例消失了。

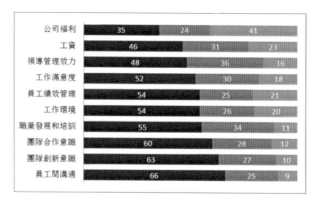

▲ 圖 69 選擇圖表類型並繪製 -18

4 點擊工作列「插入」按鍵，點擊「文字方塊」。

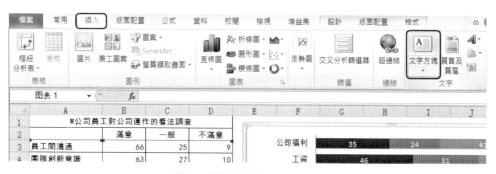

▲ 圖 70 選擇圖表類型並繪製 -19

5 在圖表最上方繪製「文字方塊」，在文字方塊中鍵入「滿意」，文字方塊與相應數列的位置相對應。

6 用同樣的方法，增加文字方塊並鍵入「一般」和「不滿意」，文字方塊與相應數列的位置相對應。

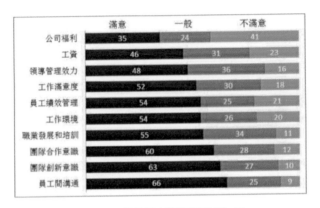

▲ 圖 71 選擇圖表類型並繪製 -20

完成檔案「CH2.14-02 選擇圖表類型並繪製 - 繪製」之「09」工作表。

STEP 08 刪除圖表框線。

1 右鍵點擊圖表區，選擇「圖表區格式」。

2 在彈出的「圖表區格式」對話方塊中，點擊「框線色彩」，選擇「無線條」。

▲ 圖 72 選擇圖表類型並繪製 -21

❸ 點擊「確定」。

STEP 09 修改圖表字型。

❶ 選中文字方塊「滿意」。

❷ 點擊工作列「常用」按鍵，在「字型」中選擇「黑體」。

❸ 對於文字方塊「一般」和「不滿意」，做同樣的操作。

❹ 選中「資料標籤」。

❺ 點擊工作列「常用」按鍵，在「字型」中選擇「Arial」。

❻ 選中「座標軸標籤」。

❼ 點擊工作列「常用」按鍵，在「字型」中選擇「黑體」。

❽ 圖表中各文字字型修改為「黑體」或「Arial」。

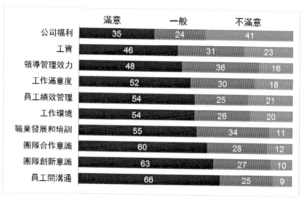

▲ 圖 73 選擇圖表類型並繪製 -22

E 完成檔案「CH2.14-02 選擇圖表類型並繪製 - 繪製」之「10」工作表。

STEP 09 變更調查項目的次序。

❶ 右鍵點擊垂直軸，選擇「座標軸格式」。

❷ 在彈出的「座標軸格式」對話方塊中，點擊「座標軸選項」，勾選「類別次序反轉」。

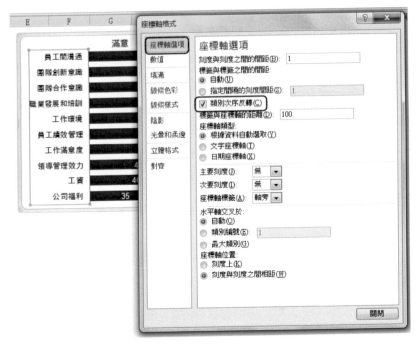

▲ 圖 74 選擇圖表類型並繪製 -23

3 點擊「關閉」。

4 調查項目的排序由「按員工滿意度從小到大排列」修改為「按員工滿意度從大到小排列」。

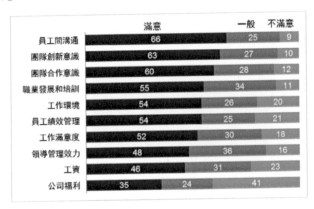

▲ 圖 75 選擇圖表類型並繪製 -24

📖 完成檔案「CH2.14-02 選擇圖表類型並繪製 - 繪製」之「11」工作表。

3

比較和差異的表達

3.1　利用高低點連線表達

3.2　利用區域圖、折線圖、直條圖表達

3.3　利用橫條圖表達

3.4　利用直條圖表達

3.5　技巧與實作

範例請於 http://goo.gl/82calC 下載

上述章節介紹專業圖表的特徵，以及圖表類型的選擇。下面將從實際操作的角度介紹專業圖表的繪製技巧。進行資料比較的方式是多種多樣的，目的都是將比較的結果清晰地呈現在讀者面前。本章節將介紹各種比較和差異的表達方式，可根據實際情況挑選使用。由於各實例的重點在於，表明各圖表中資料元素的實現方法，所以實例中的非資料元素等細節會被忽略。

○ *Note*

進行資料比較的呈現方式主要有以下幾種：

1. 在代表兩個資料數列的兩條折線之間，用浮動資料標記標識，即利用高低點連線表達資料比較的結果。

2. 用「多種圖形的結合」表達比較和差異。例如，用「區域圖」表達「比較的基準」，用「折線圖」表達「實際的表現」，用「直條圖」表達「比較和差異」。

3. 對於「目標值」和「實際值」的比較，可以僅僅用「橫條圖」表達。例如，「目標值」用空心橫條表示，「實際值」用實心橫條表示。

4. 「目標值」和「實際值」的比較，也可以僅僅用直條圖表達，且其中表達「目標值」的直條顯示為端線，表達「實際值」的直條顯示為實心直條，圖形顯得簡潔、清晰。

3.1 利用高低點連線表達

對於由兩個資料數列組成的「折線圖」，如果要表達資料數列之間的差異，可以在兩條折線之間用浮動資料標記標識，如「圖 1 利用高低點連線表達比較和差異 -1」所示。「圖 1 利用高低點連線表達比較和差異 -1」表達了「每個月的實際銷量與目標銷量，以及目標達成率」。

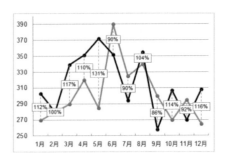

▲ 圖 1 利用高低點連線表達比較和差異 -1

「圖 1 利用高低點連線表達比較和差異 -1」的繪製步驟如下。

設定浮動資料標記的位置。

「圖 1 利用高低點連線表達比較和差異 -1」中的資料標記位於兩條折線之間,因此,如果直接為折線上的資料點增加資料標籤,無法實現「浮動」的效果。我們要增加輔助數據,設定浮動資料標記的位置。步驟如下。

1 打開檔案「CH3.1-01 利用高低點連線表達 - 原始」之「原始」工作表。

2 右鍵點擊 D 欄,選擇「插入」。所插入空白欄用來設定「浮動資料標記的位置」。

▲ 圖 2 利用高低點連線表達比較和差異 -2

3 在 D1 儲存格中鍵入「標籤位置」。

4 在 D2 儲存格中鍵入「=AVERAGE(B2:C2)」,表示「1 月」的「標籤位置」位於「目標」值(270)和「達成」值(303)的中間,即「286.5」。

	A	B	C	D	E
				D2	fx =AVERAGE(B2:C2)
1	日期	目標	達成	標籤位置	達成比例
2	1月	270	303	286.5	112%
3	2月	280	280		100%
4	3月	290	339		117%

▲ 圖 3 利用高低點連線表達比較和差異 -3

5 選中 D2 儲存格。

6 按住 D2 儲存格右下角的黑色小方塊,並向下拖移至 D13 儲存格,放開滑鼠。
表示將 D2 儲存格的公式複製到 D3~D13 儲存格。

	A	B	C	D	E
1	日期	目標	達成	標籤位置	達成比例
2	1月	270	303	286.5	112%
3	2月	280	280		100%
4	3月	290	339		117%
5	4月	320	351		110%
6	5月	285	372		131%
7	6月	390	352		90%
8	7月	325	294		90%
9	8月	340	355		104%
10	9月	300	258		86%
11	10月	270	307		114%
12	11月	295	270		92%
13	12月	265	308		116%

按住 D2 儲存格右下角的黑色小方塊,並向下拖移至 D13 儲存格,放開滑鼠。

▲ 圖 4 利用高低點連線表達比較和差異 -4

7「標籤位置」如「圖 5 利用高低點連線表達比較和差異 -5」所示。

	A	B	C	D	E
1	日期	目標	達成	標籤位置	達成比例
2	1月	270	303	286.5	112%
3	2月	280	280	280	100%
4	3月	290	339	314.5	117%
5	4月	320	351	335.5	110%
6	5月	285	372	328.5	131%
7	6月	390	352	371	90%
8	7月	325	294	309.5	90%
9	8月	340	355	347.5	104%
10	9月	300	258	279	86%
11	10月	270	307	288.5	114%
12	11月	295	270	282.5	92%
13	12月	265	308	286.5	116%

▲ 圖 5 利用高低點連線表達比較和差異 -5

E 完成檔案「CH3.1-02 利用高低點連線表達 - 繪製」之「01」工作表。

STEP 02 建立折線圖。

1 選中 A1~D13 儲存格。

2 點擊工作列「插入」按鍵，並點擊「折線圖→含有資料標記的折線圖」。

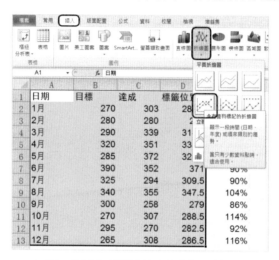

▲ 圖 6 利用高低點連線表達比較和差異 -6

3 產生的折線圖如「圖 7 利用高低點連線表達比較和差異 -7」所示。

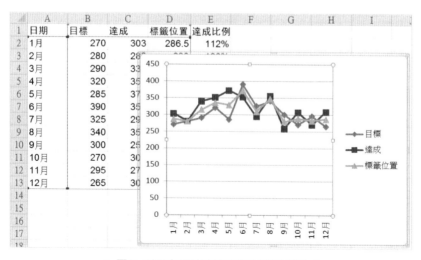

▲ 圖 7 利用高低點連線表達比較和差異 -7

完成檔案「CH3.1-02 利用高低點連線表達 - 繪製」之「02」工作表。

STEP 03 設定座標軸。

修改垂直軸的最大值和最小值，讓折線的波動儘量大，便於閱讀。

❶ 右鍵點擊垂直軸，選擇「座標軸格式」。

❷ 在彈出的「座標軸格式」對話方塊中，點擊「座標軸選項」，「最小值」選擇「固定」，並在右側欄位中鍵入「250.0」。

❸ 「最大值」選擇「固定」，並在右側欄位中鍵入「400.0」。

▲ 圖 8 利用高低點連線表達比較和差異 -8

❹ 點擊「關閉」。

❺ 垂直軸的「最小值」修改為「250」，「最大值」修改為「400」。如「圖 9 利用高低點連線表達比較和差異 -9」所示。

完成檔案「CH3.1-02 利用高低點連線表達 - 繪製」之「03」工作表。

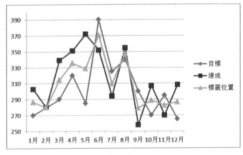

▲ 圖 9 利用高低點連線表達比較和差異 -9

6 右鍵點擊「標籤位置」數列，選擇「資料數列格式」。

7 在彈出的「資料數列格式」對話方塊中，點擊「數列選項」，選擇「副座標軸」，則「標籤位置」數列對應的垂直軸為「副座標軸」。

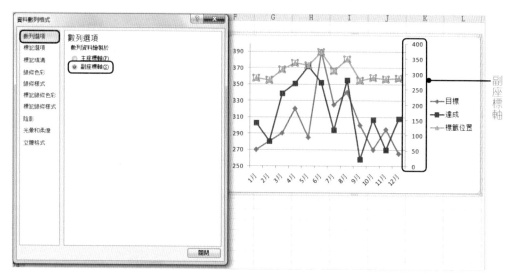

▲ 圖 10 利用高低點連線表達比較和差異 -10

8 點擊「關閉」。

9 右鍵點擊垂直軸「副座標軸」，選擇「座標軸格式」。

10 在彈出的「座標軸格式」對話方塊中，修改最大值和最小值，與「主座標軸」一致。

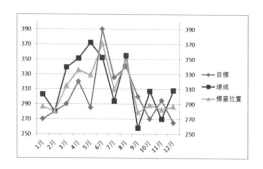

▲ 圖 11 利用高低點連線表達比較和差異 -11

E 完成檔案「CH3.1-02 利用高低點連線表達 - 繪製」之「04」工作表。

⓫ 點擊「關閉」。

STEP 04 設定「資料標籤」。

❶ 右鍵點擊「標籤位置」數列,選擇「資料數列格式」。

❷ 在彈出的「資料數列格式」對話方塊中,「線條色彩」選擇「無線條」。「標籤位置」數列上沒有線條顯示,僅顯示資料點。

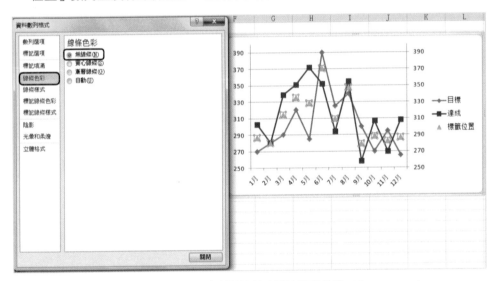

▲ 圖 12 利用高低點連線表達比較和差異 -12

❸ 點擊「關閉」。

❹ 選中「標籤位置」數列。

❺ 點擊工作列「圖表工具→版面配置」按鍵,並點擊「資料標籤→居中」。

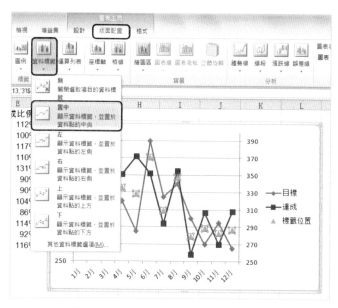

▲ 圖 13 利用高低點連線表達比較和差異 -13

6 「標籤位置」的資料值顯示在「標籤位置」折線的資料點上。

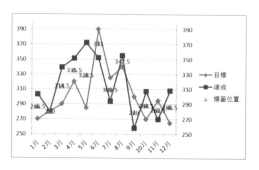

▲ 圖 14 利用高低點連線表達比較和差異 -14

 完成檔案「CH3.1-02 利用高低點連線表達 - 繪製」之「05」工作表。

 7 打開「DataLabel」軟體。

8 在彈出的對話方塊中,選擇「啟用巨集」。

▲ 圖 15 利用高低點連線表達
比較和差異 -15

9 重新打開操作中的 EXCEL 檔案。工作列的「增益集」下出現「更改數據標籤」選項。「更改數據標籤」的功能將一直保留在 EXCEL 中。

▲ 圖 16 利用高低點連線表達比較和差異 -16

之所以要使用巨集「DataLabel」，是因為 EXCEL 的「資料標籤」功能有局限，有時無法將指定的儲存格內容設定為「資料標籤」，而手工修改又費力費時，因此推薦使用巨集「DataLabel」，能方便地設定「資料標籤」的值。

10 選中已增加的「資料標籤」。

11 點擊工作列「增益集」按鍵，並點擊「更改數據標籤」。

12 在彈出的「標籤的引用區域」對話方塊中，選擇「啟用巨集」。

13 在彈出的「標籤的引用區域」對話方塊中，點選 E2~E13 儲存格。

▲ 圖 17 利用高低點連線表達比較和差異 -17

14 點擊「確定」。

15 「資料標籤」修改為「達成比例」的值了。如「圖 18 利用高低點連線表達比較和差異 -18」所示。

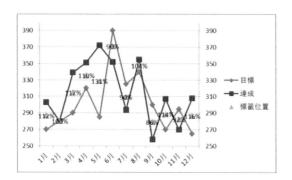

▲ 圖 18 利用高低點連線表達比較和差異 -18

完成檔案「CH3.1-02 利用高低點連線表達 - 繪製」之「06」工作表。

16 右鍵點擊「資料標籤」，選擇「資料標籤格式」。

17 在彈出的「資料標籤格式」對話方塊中，點擊「填滿」，選擇「實心填滿」，「填滿色彩」選擇「白色」。

▲ 圖 19 利用高低點連線表達比較和差異 -19

18「資料標籤」的填充色彩顯示為「白色」。

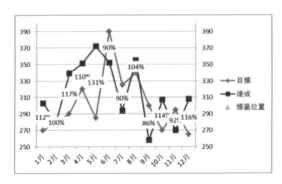

▲ 圖 20 利用高低點連線表達比較和差異 -20

19 點擊「框線色彩」，選擇「實心線條」,「色彩」選擇「灰色」(「色彩面板」第 6 列的第 1 個色彩)。

▲ 圖 21 利用高低點連線表達比較和差異 -21

20 「資料標籤」的框線顯示為「灰色」。

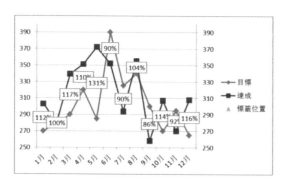

▲ 圖 22 利用高低點連線表達比較和差異 -22

21 點擊「關閉」。

22 點擊工作列的「常用」按鍵,「字型大小」調整至「8」。

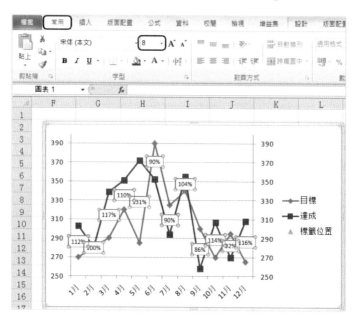

▲ 圖 23 利用高低點連線表達比較和差異 -23

完成檔案「CH3.1-02 利用高低點連線表達 - 繪製」之「07」工作表。

STEP 05 刪除圖例。

1 選中圖例。

2 按下「Del」按鍵。

3 繪圖區適當展開,版面顯示更加清晰。

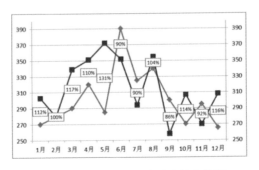

▲ 圖 24 利用高低點連線表達比較和差異 -24

STEP 06 增加高低點連線。

1 選中圖表區。

2 點擊工作列「圖表工具→版面配置」,並點擊「線段→高低點連線」。

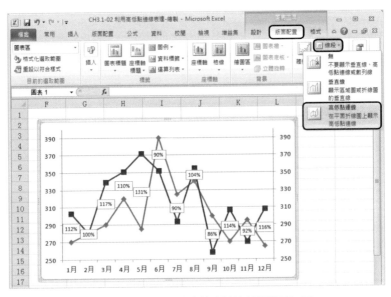

▲ 圖 25 利用高低點連線表達比較和差異 -25

❸ 兩條折線之間插入了高低點連線。

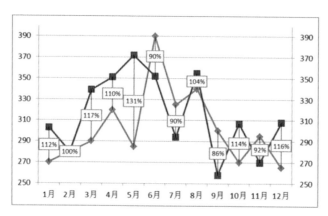

▲ 圖 26 利用高低點連線表達比較和差異 -26

❹ 右鍵點擊任意高低點連線,選擇「高低點連線格式」。

❺ 在彈出的「高低點連線格式」對話方塊中,點擊「線條色彩」,選擇「實心線條」,「色彩」選擇「灰色」。

▲ 圖 27 利用高低點連線表達比較和差異 -27

6 點擊「線條樣式」,「虛線線型」選擇「虛線1」。

▲ 圖 28 利用高低點連線表達比較和差異 -28

7 點擊「關閉」。

8 高低點連線設定完成。如「圖 29 利用高低點連線表達比較和差異 -29」所示。

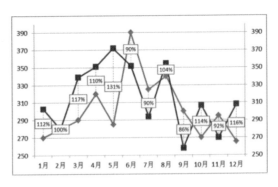

▲ 圖 29 利用高低點連線表達比較和差異 -29

E 完成檔案「CH3.1-02 利用高低點連線表達 - 繪製」之「08」工作表。

STEP 07 細節處理。

1 右鍵點擊紅色折線數列，選擇「資料數列格式」。

2 在彈出的「資料數列格式」對話方塊中，點擊「標記選項」，選擇「內建」，「類型」選擇「圓點」。

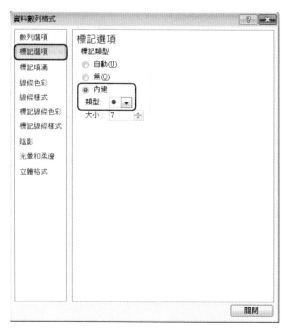

▲ 圖 30 利用高低點連線表達比較和差異 -30

3 選中藍色折線數列。

4 在「資料數列格式」對話方塊中，點擊「線條色彩」，「色彩」設定為 RGB（101,151,189）。

5 點擊「標記選項」，選擇「內建」，「類型」選擇「圓點」。

6 點擊「關閉」。

7 各數列的「標記選項」和「線條色彩」如「圖 31 利用高低點連線表達比較和差異 -31」所示。

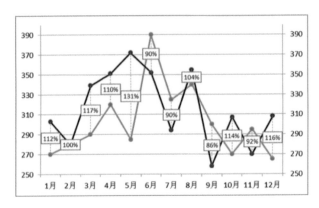

▲ 圖 31 利用高低點連線表達比較和差異 -31

完成檔案「CH3.1-02 利用高低點連線表達 - 繪製」之「09」工作表。

8 選中垂直軸「副座標軸」。

9 按下「Del」按鍵。

10 垂直軸「副座標軸」消失了。

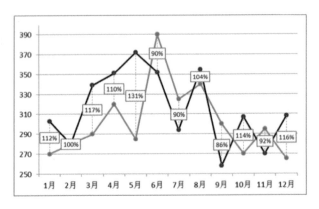

▲ 圖 32 利用高低點連線表達比較和差異 -32

11 右鍵點擊圖表區，選擇「圖表區格式」。

12 在彈出的「圖表區格式」對話方塊中，點擊「框線色彩」，選擇「無線條」。

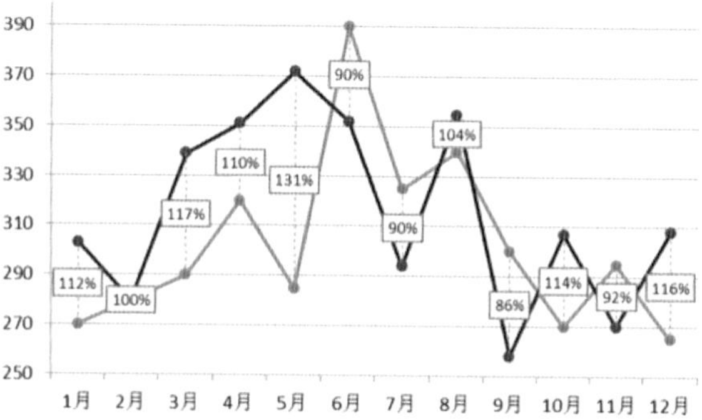

▲ 圖 33 利用高低點連線表達比較和差異 -33

13 點擊垂直軸「主座標軸」。

14 在「座標軸格式」對話方塊中，點擊「座標軸選項」,「主要刻度」選擇「內側」。

15 點擊「關閉」。

16 垂直軸的刻度線消失了。如「圖 34 利用高低點連線表達比較和差異 -34」所示。

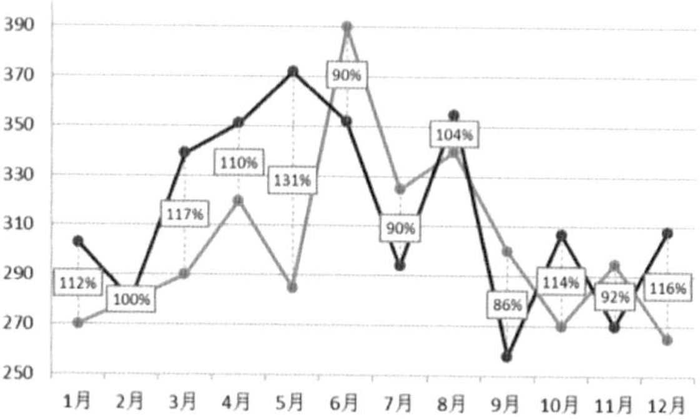

▲ 圖 34 利用高低點連線表達比較和差異 -34

完成檔案「CH3.1-02 利用高低點連線表達 - 繪製」之「10」工作表。

⓱ 依次選中各類文字，點擊工作列「常用」按鍵，並將中文「字型」修改為「黑體」，「英文」或「數字」字型修改為「Arial」。字型大小根據實際需要修改為 8~10pt。

⓲ 圖表繪製完成。清晰顯示「目標」值和「達成」值，以及之間的差異。

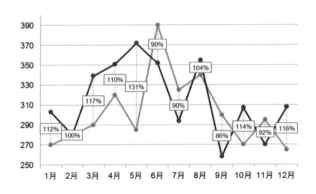

▲ 圖 35 利用高低點連線表達比較和差異 -35

E 完成檔案「CH3.1-02 利用高低點連線表達 - 繪製」之「11」工作表。

3.2 利用區域圖、折線圖、直條圖表達

3.1 章節中，我們利用高低點連線表達兩條折線之間的比較和差異，我們也可以用「多種圖形的結合」表達比較和差異。

如「圖 36 利用區域圖、折線圖、直條圖表達 -1」所示，用「區域圖」表達「比較的基準」，用「折線圖」表達「實際的表現」，用「直條圖」表達「比較和差異」。

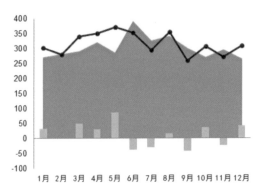

▲ 圖 36 利用區域圖、折線圖、直條圖表達 -1

我們沿用 3.1 章節的作圖結果，介紹具體操作步驟。

STEP 01 修改表格資料。

1 打開檔案「CH3.2-01 利用區域圖、折線圖、直條圖表達 - 原始」之「原始」
工作表。

2 選中「高低點連線」。

3 按下「Del」按鍵。

4 右鍵點擊 D 欄，選擇「刪除」。

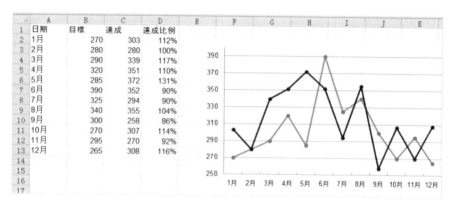

▲ 圖 37 利用區域圖、折線圖、直條圖表達 -2

5 將 D1 儲存個的「達成比例」改寫為「差異」。

6 將 D2 儲存格的公式改寫為「=C2-B2」。

7 將 D2 儲存格的公式複製到 D3~D13 儲存格。

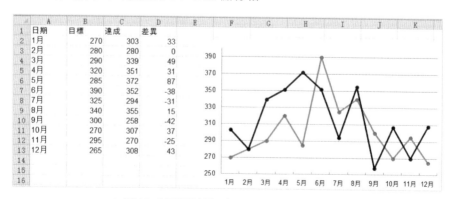

▲ 圖 38 利用區域圖、折線圖、直條圖表達 -3

完成檔案「CH3.2-02 利用區域圖、折線圖、直條圖表達-繪製」之「01」工作表。

> **STEP 02** 修改圖表類型並增加「差異」數列。

❶ 右鍵點擊「目標」數列，選擇「變更數列圖表類型」。

❷ 在彈出的「變更圖表類型」對話方塊中，選擇「區域圖」。

▲ 圖 39 利用區域圖、折線圖、直條圖表達 -4

3 點擊「確定」。

4 「目標」數列顯示為「區域圖」的圖表類型。

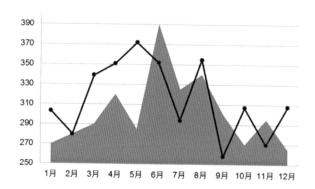

▲ 圖 40 利用區域圖、折線圖、直條圖表達 -5

完成檔案「CH3.2-02 利用區域圖、折線圖、直條圖表達 - 繪製」之「02」工作表。

5 右鍵點擊繪圖區,選擇「選取資料」。

6 在彈出的「選取資料來源」對話方塊中,點擊「新增」。

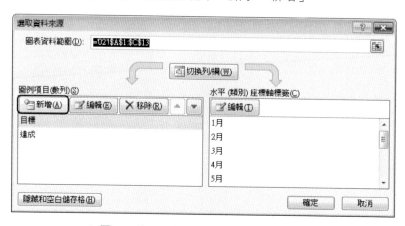

▲ 圖 41 利用區域圖、折線圖、直條圖表達 -6

7 在彈出的「編輯數列」對話方塊中，點擊「數列名稱」下的欄位，點選 D1 儲存格（差異）。

8 刪除「數列值」下欄位中的「={1}」，點選 D2~D13 儲存格。

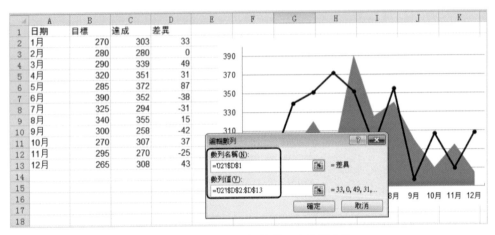

▲	A	B	C	D	E	F	G	H	I	J	K
1	日期	目標	達成	差異							
2	1月	270	303	33							
3	2月	280	280	0							
4	3月	290	339	49							
5	4月	320	351	31							
6	5月	285	372	87							
7	6月	390	352	-38							
8	7月	325	294	-31							
9	8月	340	355	15							
10	9月	300	258	-42							
11	10月	270	307	37							
12	11月	295	270	-25							
13	12月	265	308	43							
14											
15											
16											
17											
18											

▲ 圖 42 利用區域圖、折線圖、直條圖表達 -7

 完成檔案「CH3.2-02 利用區域圖、折線圖、直條圖表達 - 繪製」之「03」工作表。

9 依次在兩個對話方塊中點擊「確定」。

10 右鍵點擊垂直軸，選擇「座標軸格式」。

11 在彈出的「座標軸格式」對話方塊，點擊「座標軸選項」，「最小值」選擇「固定」，並在右側欄位中鍵入「-50」。

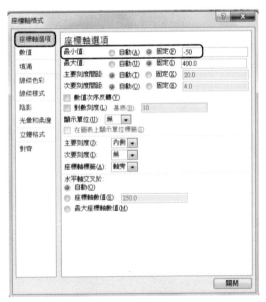

▲ 圖 43 利用區域圖、折線圖、直條圖表達 -8

修改座標軸的「最小值」，是因為新增數列（差異）的資料「<250」，而垂直軸設定的最小值為「250」，故看不到新增數列的圖形。

⓬ 點擊「關閉」。

⓭ 新增「差異」數列的圖形顯示出來，如「圖 44 利用區域圖、折線圖、直條圖表達 -9」所示。

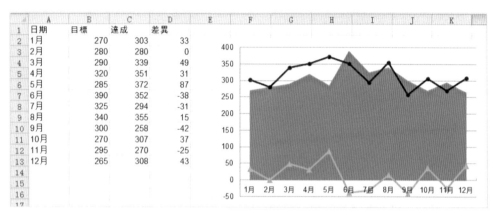

▲ 圖 44 利用區域圖、折線圖、直條圖表達 -9

 完成檔案「CH3.2-02 利用區域圖、折線圖、直條圖表達 - 繪製」之「04」工作表。

⓮ 右鍵點擊「差異」數列，選擇「變更數列圖表類型」。

⓯ 在彈出的「變更圖表類型」對話方塊中，選擇「直條圖」。

▲ 圖 45 利用區域圖、折線圖、直條圖表達 -10

⓰ 點擊「確定」。

⓱ 「差異」數列的圖表類型更改為「直條圖」,如「圖 46 利用區域圖、折線圖、直條圖表達 -11」所示。

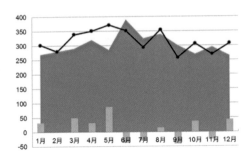

▲ 圖 46 利用區域圖、折線圖、直條圖表達 -11

 完成檔案「CH3.2-02 利用區域圖、折線圖、直條圖表達 - 繪製」之「05」工作表。

⓲ 右鍵點擊水平軸,選擇「座標軸格式」。

⓳ 在彈出的「座標軸格式」對話方塊中,點擊「座標軸選項」,「主要刻度」選擇「無」,「座標軸標籤」選擇「低」。

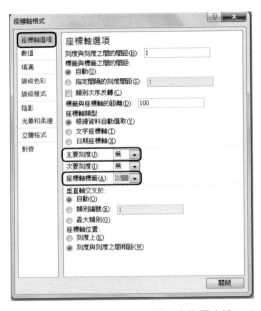

▲ 圖 47 利用區域圖、折線圖、直條圖表達 -12

20 點擊「關閉」。

21 水平軸標籤顯示在圖形底部，不再要與圖形重疊，且刻度線消失了。如「圖 48 利用區域圖、折線圖、直條圖表達 -13」所示。

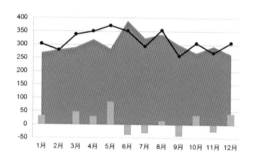

▲ 圖 48 利用區域圖、折線圖、直條圖表達 -13

完成檔案「CH3.2-02 利用區域圖、折線圖、直條圖表達 - 繪製」之「06」工作表。

STEP 03 細節處理。

1 右鍵點擊「目標」數列，選擇「資料數列格式」。

2 在彈出的「資料數列格式」對話方塊中，點擊「填滿」，選擇「實心填滿」，色彩設定為 RGB（0,160,238）。

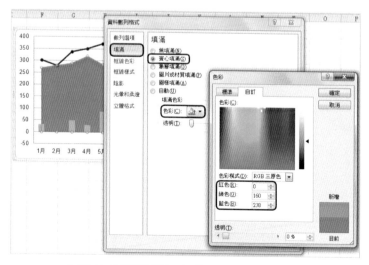

▲ 圖 49 利用區域圖、折線圖、直條圖表達 -14

3 依次在兩個對話方塊中點擊「確定」。

4 對於「達成」數列的折線圖,將「線條色彩」設定為 RGB(235,29,31)。

5 對於「差異」數列的直條圖,將「填滿」色彩設定為 RGB(146,211,68)。

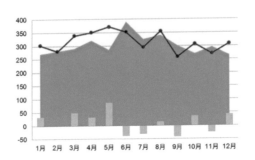

▲ 圖 50 利用區域圖、折線圖、直條圖表達 -15

完成檔案「CH3.2-02 利用區域圖、折線圖、直條圖表達 - 繪製」之「07」工作表。

6 選中格線。

7 按下「Del」按鍵。

8 右鍵點擊垂直軸,選擇「座標軸格式」。

9 在彈出的「座標軸格式」對話方塊中,點擊「座標軸選項」,「主要刻度」選擇「無」。

10 點擊「關閉」。

11 圖表繪製完成。「區域圖」代表「目標」值,「折線圖」代表「實際」值,「直條圖」代表「差異」值。

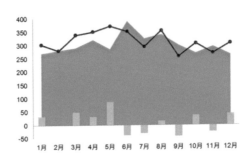

▲ 圖 51 利用區域圖、折線圖、直條圖表達 -16

完成檔案「CH3.2-02 利用區域圖、折線圖、直條圖表達 - 繪製」之「08」工作表。

3.3 利用橫條圖表達

「目標值」和「實際值」的比較，也可以完全用「橫條圖」表達。

沿用 3.1 章節的資料，改用「橫條圖」表達「目標值」和「實際值」的差異，產生圖形如「圖 52 利用橫條圖表達 -1」所示。

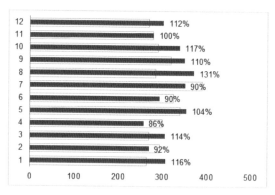

▲ 圖 52 利用橫條圖表達 -1

下面介紹具體的操作步驟。

> STEP 01　建立橫條圖。

1 打開檔案「CH3.3-01 利用橫條圖表達 - 原始」之「原始」工作表。

2 選中 B2~C13 儲存格。

3 點擊工作列「插入」按鍵，並點擊「橫條圖→群組橫條圖」。

4 右鍵點擊繪圖區，選擇「選取資料」。

5 在彈出的「選取資料來源」對話方塊中，點擊「水平（分類）軸標籤」的「編輯」選項。

6 在彈出的「座標軸標籤範圍」對話方塊中，點選 A2~A13 儲存格。

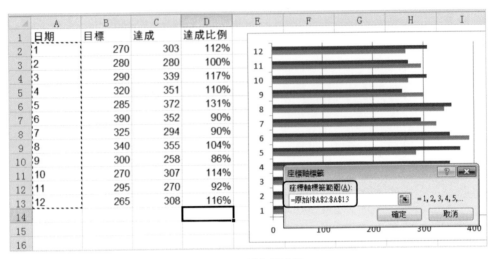

▲ 圖 53 利用橫條圖表達 -2

7 依次在兩個對話方塊中點擊「確定」。結果如「圖 54 利用橫條圖表達 -3」所示。

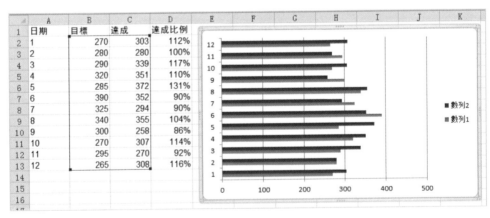

▲ 圖 54 利用橫條圖表達 -3

🖳 完成檔案「CH3.3-02 利用橫條圖表達 - 繪製」之「01」工作表。

STEP 02 修改橫條圖的圖表元素。

1 右鍵點擊數列 2，選擇「資料數列格式」。

2 在彈出的「資料數列格式」對話方塊中，點擊「數列選項」，「數列資料繪製於」選擇「副座標軸」。

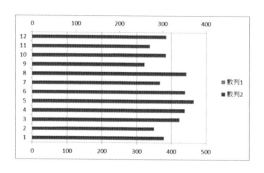

▲ 圖 55 利用橫條圖表達 -4

3 點擊「關閉」。

4 由於水平「主座標軸」和「副座標軸」顯示的最大值不同，因此「圖 56 利用橫條圖表達 -5」看不到數列 1 的圖形。

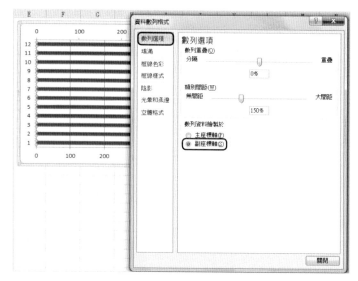

▲ 圖 56 利用橫條圖表達 -5

 完成檔案「CH3.3-02 利用橫條圖表達 - 繪製」之「02」工作表。

5 右鍵點擊水平軸「主座標軸」，選擇「座標軸格式」。

6 在彈出的「座標軸格式」對話方塊中，點擊「座標軸選項」，「最小值」選擇「固定」，並在右側欄位中鍵入「0」。

7「最大值」選擇「固定」，並在右側欄位中鍵入「400」。

8 選中水平軸「副座標軸」，「最小值」和「最大值」做同樣的操作。

9 點擊「關閉」。

10 水平軸「主座標軸」和「副座標軸」的資料範圍均固定為「0~400」，數列1和數列2的橫條圖重疊顯示了。

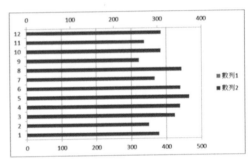

▲ 圖 57 利用橫條圖表達 -6

完成檔案「CH3.3-02 利用橫條圖表達 - 繪製」之「03」工作表。

11 右鍵點擊數列1，選擇「資料數列格式」。

12 在彈出的「資料數列格式」對話方塊中，點擊「數列選項」，將「類別間距」中的「150%」改寫為「50%」。

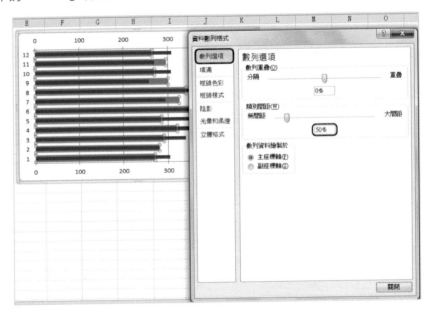

▲ 圖 58 利用橫條圖表達 -7

⓭ 點擊「填滿」，選擇「實心填滿」，「填滿色彩」選擇「白色」。

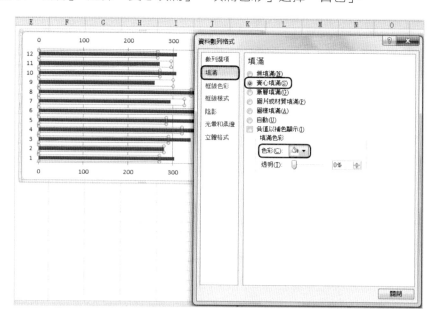

▲ 圖 59 利用橫條圖表達 -8

⓮ 點擊「框線色彩」，選擇「實心線條」，「色彩」選擇「灰色」（「色彩面板」第
6 列的第 1 個色彩）。

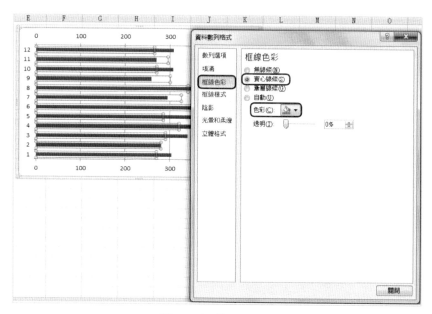

▲ 圖 60 利用橫條圖表達 -9

⓯ 點擊「關閉」。

⓰ 數列 2 的橫條寬度大於數列 1 的橫條寬度，且色彩已修改為「深淺搭配」的形式。

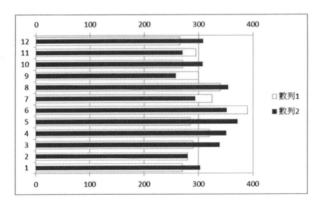

▲ 圖 61 利用橫條圖表達 -10

📖 完成檔案「CH3.3-02 利用橫條圖表達 - 繪製」之「04」工作表。

> **STEP 03** 增加「達成比例」的資料標籤。

❶ 選中數列 2 的圖形。

❷ 點擊工作列「圖表工具→版面配置」按鍵，並點擊「資料標籤→終點外側」。

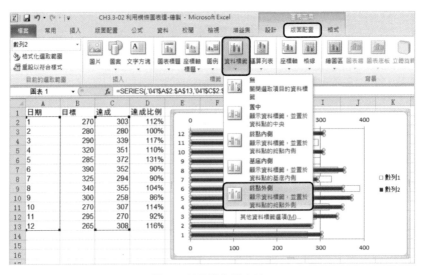

▲ 圖 62 利用橫條圖表達 -11

3 選中「資料標籤」。

4 點擊工作列「增益集」按鍵，並點擊「更改數據標籤」。

5 在彈出的「標籤的引用區域」對話方塊中，點選 D2~D13 儲存格。

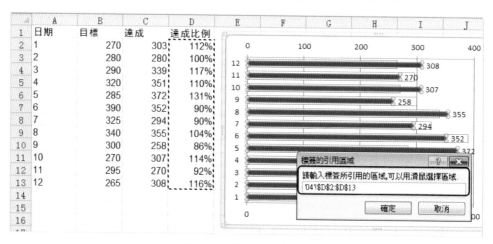

▲ 圖 63 利用橫條圖表達 -12

6 點擊「確定」。

7「達成比例」的資料顯示在相應的橫條邊。

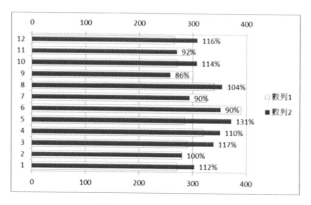

▲ 圖 64 利用橫條圖表達 -13

完成檔案「CH3.3-02 利用橫條圖表達 - 繪製」之「05」工作表。

STEP 04 修改橫條的上下排序。

1 選中 A1 儲存格。

2 點擊工作列「資料」按鍵，並點擊「從 Z 到 A 排序」。

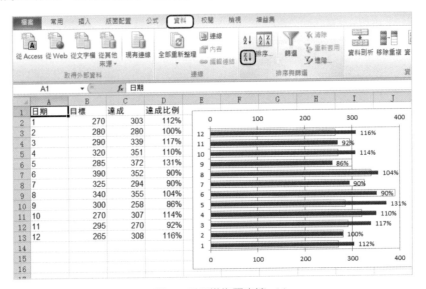

▲ 圖 65 利用橫條圖表達 -14

3 顯示順序修改為「1 月」在上、「12 月」在下，各數列的值以及資料標籤也隨之調整了。

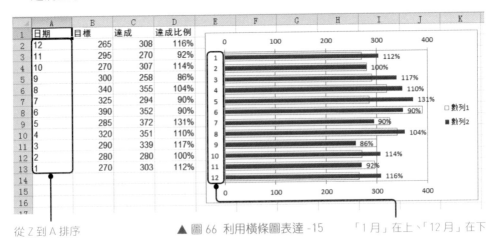

從 Z 到 A 排序　　　　　　▲ 圖 66 利用橫條圖表達 -15　　　「1 月」在上、「12 月」在下

 完成檔案「CH3.3-02 利用橫條圖表達 - 繪製」之「06」工作表。

STEP 05 細節處理。

1 選中圖例。

2 按下「Del」按鍵。

3 選中水平軸「副座標軸」。

4 按下「Del」按鍵。

5 選中格線。

6 按下「Del」按鍵。

7 右鍵點擊垂直軸，選擇「座標軸格式」。

8 在彈出的「座標軸格式」對話方塊中，點擊「座標軸選項」，「主要刻度」選擇「無」。

9 選中水平軸「主座標軸」。

10 點擊「線條色彩」，選擇「無線條」。

11 選中圖表區。

12 點擊「框線色彩」，選擇「無線條」。

13 點擊「關閉」。結果如「圖 67 利用橫條圖表達 -16」所示。

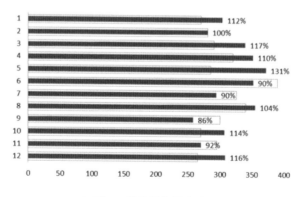

▲ 圖 67 利用橫條圖表達 -16

▐▌ 依次選中各類文字，點擊工作列「常用」按鍵，字型選擇「Arial」。

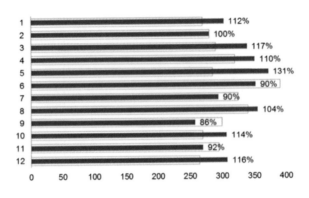

▲ 圖 68 利用橫條圖表達 -17

📖 完成檔案「CH3.3-02 利用橫條圖表達 - 繪製」之「07」工作表。

▐▌ 右鍵點擊水平軸「主座標軸」，選擇「座標軸格式」。

▐▌ 在彈出的「座標軸格式」對話方塊中，點擊「座標軸選項」，「主要刻度間距」選擇「固定」，並在右側的欄位中鍵入「100.0」。

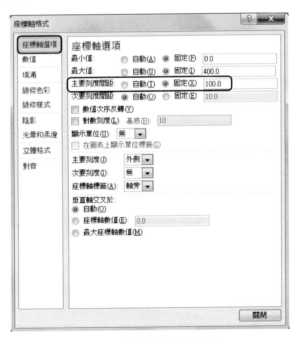

▲ 圖 69 利用橫條圖表達 -18

17 點擊「關閉」。

18 水平軸「主座標軸」的資料標籤間距調整為「100」。

19 圖表繪製完成。橫條圖顯示「目標值」、「達成值」,並標記「達成比例」。

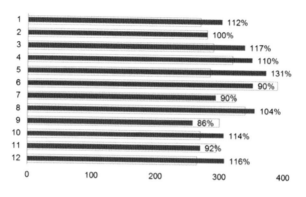

▲ 圖 70 利用橫條圖表達 -19

 完成檔案「CH3.3-02 利用橫條圖表達 - 繪製」之「08」工作表。

利用直條圖表達

3.4

如果簡化 3.3 章節實例中「達成」值的橫條表達,改用端線替代,圖形會更簡潔、清晰。「圖 71 利用直條圖表達 -1」用直條圖和 XY 散佈圖實現上述目的。

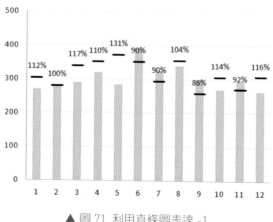

▲ 圖 71 利用直條圖表達 -1

下面將介紹具體操作步驟。

 1 打開檔案「CH3.4-01 利用直條圖表達 - 原始」之「原始」工作表。

2 選中 B2~C13 儲存格。

3 點擊工作列「插入」按鍵,並點擊「直條圖→群組直條圖」。

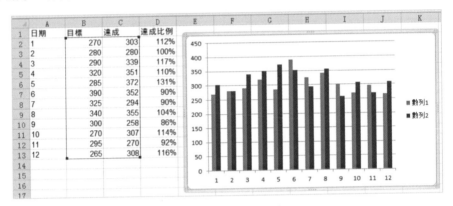

▲ 圖 72 利用直條圖表達 -2

 完成檔案「CH3.4-02 利用直條圖表達 - 繪製」之「01」工作表。

STEP 02 設定端線。

1 右鍵點擊數列 2,
選擇「變更圖表類
型」。

2 在彈出的「變更圖
表類型」對話方塊
中,選擇「XY 散佈
圖」。

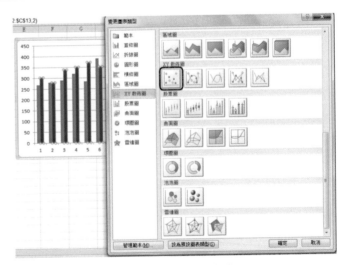

▲ 圖 73 利用直條圖表達 -3

3 點擊「確定」。

4 數列 2 的圖表類型變更為「XY 散佈圖」。如「圖 74 利用直條圖表達 -4」所示。

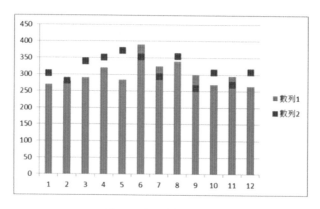

▲ 圖 74 利用直條圖表達 -4

完成檔案「CH3.4-02 利用直條圖表達 - 繪製」之「02」工作表。

5 選中「XY 散佈圖」的資料點。

6 點擊工作列「圖表工具→版面配置」按鍵,並點擊「誤差線→其他誤差線選項」。

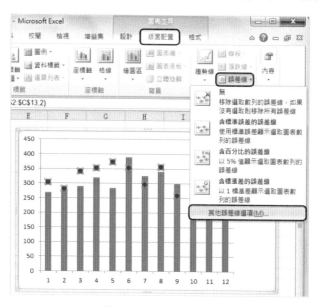

▲ 圖 75 利用直條圖表達 -5

7 在彈出的「誤差線格式」對話方塊中,顯示的是「垂直誤差線」。

▲ 圖 76 利用直條圖表達 -6

8 在點擊工作列「圖表工具→版面配置」按鍵的情況下,在工作列左上角下拉式選單中選擇「數列 2X 誤差線」。

▲ 圖 77 利用直條圖表達 -7

事實上，「其他誤差線選項」對應的對話方塊包括兩種，❶「垂直誤差線」，即以垂直軸數值大小為標準的誤差線。❷「水平誤差線」，即以水平軸數值大小為標準的誤差線。我們需要用「水平誤差線」模擬端線，因此要設定「水平誤差線」，而非「垂直誤差線」。

9 「誤差線格式」對話方塊中，顯示「水平誤差線」。

10 點擊「水平誤差線」，將「誤差量」右側欄位中的「1.0」改寫為「0.3」。

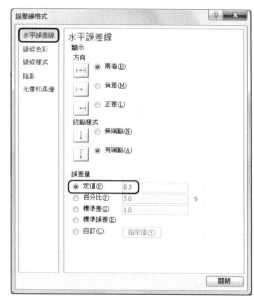

11 點擊「關閉」。

▲ 圖 78 利用直條圖表達 -8

12 端線顯示在圖形上。

由於端線的「顯示方向」取「兩者」，端線長度為 0.3×2=0.6。

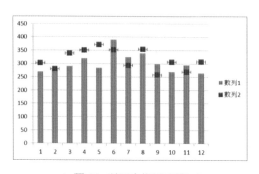

▲ 圖 79 利用直條圖表達 -9

 完成檔案「CH3.4-02 利用直條圖表達 - 繪製」之「03」工作表。

🔢 再次打開「誤差線格式」的對話方塊,點擊「水平誤差線」,「終點樣式」選擇
「無端點」。

🔢 點擊「線條樣式」,「寬度」選擇「2pt」。

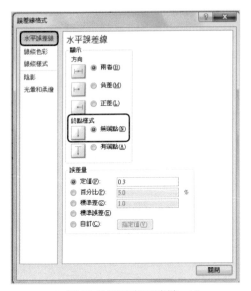

▲ 圖 80 利用直條圖表達 -10　　　　　▲ 圖 81 利用直條圖表達 -11

🔢 點擊「關閉」。

🔢 水平誤差線的端點消失,線條變粗。如「圖 82 利用直條圖表達 -12」所示。

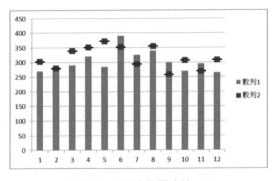

▲ 圖 82 利用直條圖表達 -12

完成檔案「CH3.4-02 利用直條圖表達 - 繪製」之「04」工作表。

STEP 03 增加「達成比例」的資料標籤。

1 選中數列 2 的資料點。

2 點擊工作列「圖表工具→版面配置」按鍵,並點擊「資料標籤→上」。

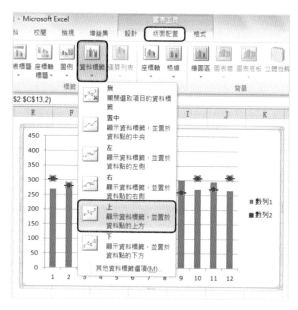

▲ 圖 83 利用直條圖表達 -13

3 「資料標籤」顯示在數列 2 資料點的上方。

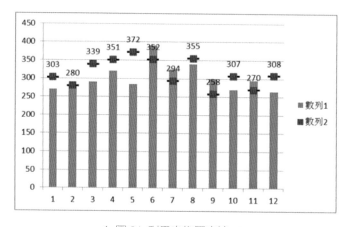

▲ 圖 84 利用直條圖表達 -14

④ 選中「資料標籤」。

⑤ 點擊工作列「增益集」按鍵,並點擊「更改數據標籤」。

⑥ 在彈出的「標籤的引用區域」對話方塊中,點選 D2~D13 儲存格。

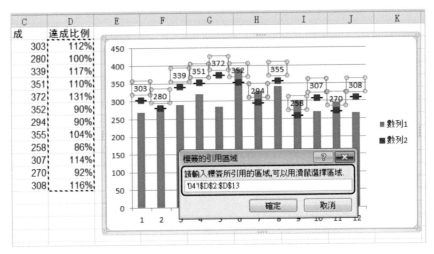

▲ 圖 85 利用直條圖表達 -15

⑦ 點擊「確定」。

⑧ 「資料標籤」修改為「達成比例」的值了。如「圖 86 利用直條圖表達 -16」所示。

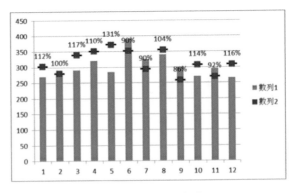

▲ 圖 86 利用直條圖表達 -16

📄 完成檔案「CH3.4-02 利用直條圖表達 - 繪製」之「05」工作表。

STEP 04 修改直條圖色彩。

1 右鍵點擊數列 1，選擇「資料數列格式」。

2 在彈出的「資料數列格式」
對話方塊中，選擇「實心填
滿」，「填滿色彩」設定為 RGB
（214,204,194）。

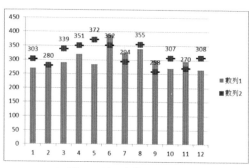

3 點擊「關閉」。

4 端線和「達成比例」的資料均能
清晰顯示。如「圖 87 利用直條
圖表達 -17」所示。

▲ 圖 87 利用直條圖表達 -17

STEP 05 去除端線處的資料點。

1 右鍵點擊數列 2，選擇「資料數列格式」。

2 在彈出的「資料數列格式」對話方塊中點擊「標記選項」，「標記類型」選擇
「無」。

▲ 圖 88 利用直條圖表達 -18

❸ 點擊「關閉」。

❹ 端線處的資料點消失了。
如「圖 89 利用直條圖表達 -19」所示。

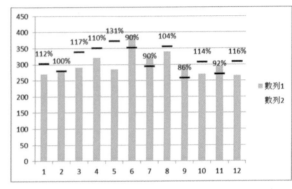

▲ 圖 89 利用直條圖表達 -19

[E] 完成檔案「CH3.4-02 利用直條圖表達 - 繪製」之「06」工作表。

STEP 06 細節處理。

❶ 右鍵點擊格線,選擇「格線格式」。

❷ 在彈出的「主要格線格式」對話方塊中,點擊「線條色彩」,選擇「實心線條」,「色彩」選擇「淺灰色」(「色彩面板」第 4 列的第 1 個色彩)。

▲ 圖 90 利用直條圖表達 -20

③ 點擊「關閉」。

④ 格線色彩弱化了，如「圖 91 利用直條圖表達 -21」所示。

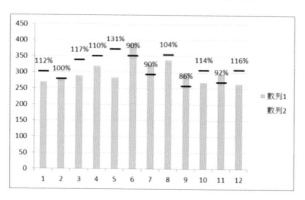

▲ 圖 91 利用直條圖表達 -21

 完成檔案「CH3.4-02 利用直條圖表達 - 繪製」之「07」工作表。

⑤ 郵件點擊垂直軸，選擇「座標軸格式」。

⑥ 在彈出的「座標軸格式」對話方塊中，點擊「座標軸選項」，「主要刻度間距」選擇「固定」，並在右側的欄位中鍵入「100」。

⑦ 「主要刻度」選擇「無」。

⑧ 選擇水平軸。

⑨ 在「座標軸格式」對話方塊中，點擊「座標軸選項」，「主要刻度」選擇「無」。

⑩ 點擊「關閉」。

⑪ 垂直軸的刻度間距加大，座標軸的「主要刻度」消失了。如「圖 92 利用直條圖表達 -22」所示。

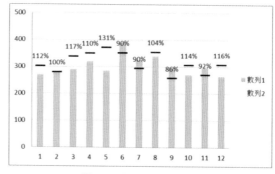

▲ 圖 92 利用直條圖表達 -22

 完成檔案「CH3.4-02 利用直條圖表達 - 繪製」之「08」工作表。

⓬ 選中圖例。

⓭ 按下「Del」按鍵。

⓮ 右鍵點擊圖表區,選擇「圖表區格式」。

⓯ 在彈出的「圖表區格式」對話方塊中,點擊「框線色彩」,選擇「無線條」。

⓰ 點擊「關閉」。

⓱ 圖表繪製完成。直條為「目標」值,端線為「達成」值,「達成比例」同時顯示在圖表上。

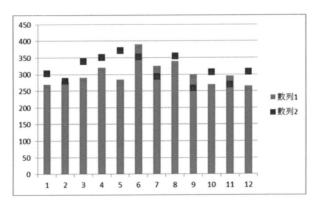

▲ 圖 93 利用直條圖表達 -23

 完成檔案「CH3.4-02 利用直條圖表達 - 繪製」之「09」工作表。

3.5 技巧與實作

本章節的操作，經常要「右鍵點擊某圖表元素」，選擇「座標軸格式」、「資料數列格式」、「資料標籤格式」、「圖表區格式」、「誤差線格式」等，進行相應操作。重複「右鍵點擊」再選擇相關操作，顯得很繁瑣，是否有簡潔的操作辦法呢？事實上，同一張圖表中，「座標軸格式」、「資料標籤格式」、「圖表區格式」的選擇不用重複點擊操作。

可以右鍵點擊圖表，選擇「座標軸格式」、「資料數列格式」、「圖表區格式」中的任意 1 個，假設選擇「座標軸格式」。

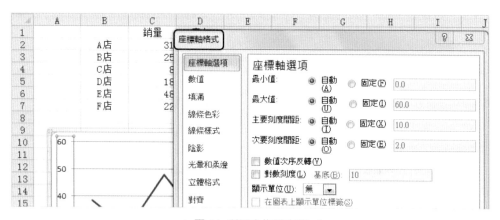

▲ 圖 94 利用直條圖表達 -1

對「座標軸格式」設定完成後，不要點擊「關閉」，而是直接點擊圖表區中的折線，則對話方塊自動調整為「資料數列格式」。

▲ 圖 95 利用直條圖表達 -2

同樣的道理，對「資料數列格式」設定完成後，不要點擊「關閉」，而是直接點擊圖表區，則對話方塊自動調整為「圖表區格式」。

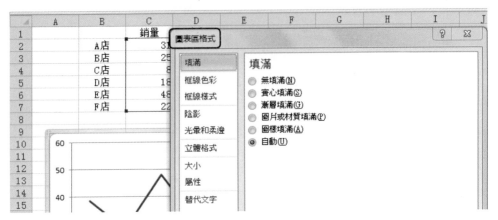

▲ 圖 96 利用直條圖表達 -3

不等間隔的座標軸

4.1　利用折線圖及「時間刻度」設定不等間隔的
　　　座標軸

4.2　利用 XY 散佈圖設定不等間隔的座標軸

4.3　技巧與實作

範例請於 http://goo.gl/82calC 下載

通常，水平軸或垂直軸的座標間隔是等距的。根據實際需要，我們也可以調整為不等間隔的座標軸。

◯ *Note*

不等間隔的座標軸主要有以下幾種設定方式：

1. 將 EXCEL 預設的座標軸選項設定為「日期」選項，座標軸會按照資料點的日期差異（以天為單位）決定刻度的間距，可以是不等間隔的。
2. 水平軸的不等間隔座標，可以利用折線圖完成。
3. 垂直軸的不等間隔座標，需借助 XY 散佈圖實現。

下面將分幾種情況作介紹。

4.1 利用折線圖及「時間刻度」設定

EXCEL 預設的座標軸選項包括 3 種，分別是❶「自動」、❷「文字」、❸「日期」。當選擇「日期」選項時，座標軸按照資料點的日期差異（以天為單位）決定刻度的間距，可以是不等間隔的。

例如，我們要根據「表 4.1 幼兒 0-3 歲標準體重表」繪製「圖 1 利用折線圖及時間刻度設定 -1」，可以利用折線圖及「日期」的座標軸實現。

	A	B
1		體重(公斤)
2	初生	3.3
3	1月	4.5
4	2月	5.6
5	3月	6.4
6	6月	7.9
7	9月	8.9
8	12月	9.6
9	18月	10.9
10	24月	12.2
11	36月	14.3

▲ 表 4.1 幼兒 0-3 歲標準體重表

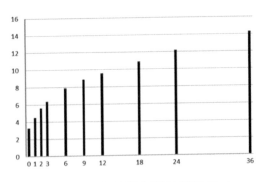

▲ 圖 1 利用折線圖及時間刻度設定 -1

下面將介紹具體操作步驟。

STEP 01 建立直條圖。

❶ 打開檔案「CH4.1-01 利用折線圖及時間刻度設定 - 原始」之「原始」工作表。

❷ 在 B 欄之前插入空白欄。

❸ 在 B2 儲存格中鍵入「0」，代表「0 個月」，與 A2 儲存格的「初生」對應。

❹ 在 B3~B11 儲存格中依次鍵入「1」、「2」……「36」，與 A3~A11 儲存格的「月份數」對應。如「圖 2 利用折線圖及時間刻度設定 -2」所示。

	A	B	C
1		日期	體重(公斤)
2	初生	0	3.3
3	1月	1	4.5
4	2月	2	5.6
5	3月	3	6.4
6	6月	6	7.9
7	9月	9	8.9
8	12月	12	9.6
9	18月	18	10.9
10	24月	24	12.2
11	36月	36	14.3

▲ 圖 2 利用折線圖及時間刻度設定 -2

完成檔案「CH4.1-02 利用折線圖及時間刻度設定 - 繪製」之「01」工作表。

❺ 選中 C2~C11 儲存格。

❻ 點擊工作列「插入」按鍵，並點擊「直條圖→群組直條圖」。

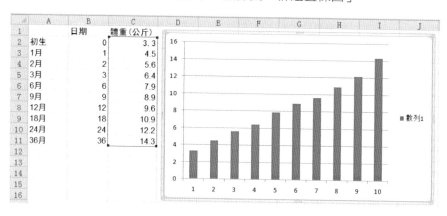

▲ 圖 3 利用折線圖及時間刻度設定 -3

7 右鍵點擊繪圖區，選擇「選取資料」。

8 在彈出的「選取資料來源」對話方塊中，點擊「水平（分類）軸標籤」的「編輯」選項。

9 在彈出的「座標軸標籤範圍」對話方塊中，點選 B2~B11 儲存格。

10 依次在兩個對話方塊中點擊「確定」。

STEP 02 建立不等間隔的水平軸座標。

先建立不等間隔分佈直線圖。

1 右鍵點擊水平軸，選擇「座標軸格式」。

2 在彈出的「座標軸格式」對話方塊中，點擊「座標軸選項」，「座標軸類型」選擇「日期座標軸」。

▲ 圖 4 利用折線圖及時間刻度設定 -4

❸ 點擊「關閉」。

❹ 體重資料由「等間隔分佈」變成了「不等間隔分佈」,且水平軸標籤顯示為「0」~「36」。

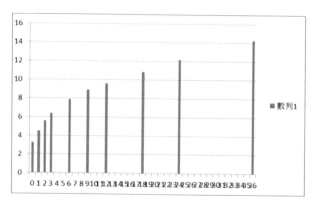

▲ 圖 5 利用折線圖及時間刻度設定 -5

 完成檔案「CH4.1-02 利用折線圖及時間刻度設定 - 繪製」之「02」工作表。

❺ 在 B16~C26 儲存格中建立輔助資料,如「圖 6 利用折線圖及時間刻度設定 -6」所示。

	A	B	C
15			
16		X	Y
17		0	0
18		1	0
19		2	0
20		3	0
21		6	0
22		9	0
23		12	0
24		18	0
25		24	0
26		36	0

▲ 圖 6 利用折線圖及時間刻度設定 -6

由於我們僅需要水平軸標籤顯示 0、1、2、3、6、9、12、18、24、36 共計 10 個數字,但 EXCEL 的座標軸標籤本身無法實現該功能,因此要增加輔助資料,作為水平軸的座標軸標籤。

6 右鍵點擊繪圖區，選擇「選取資料」。

7 在彈出的「選取資料來源」對話方塊中，點擊「新增」。

8 在彈出的「編輯數列」對話方塊中，在「數列名稱」下的空白欄中鍵入「輔助數據」。

9 刪除「數列值」下的欄位中的「={1}」。

10 點選 C17~C26 儲存格。

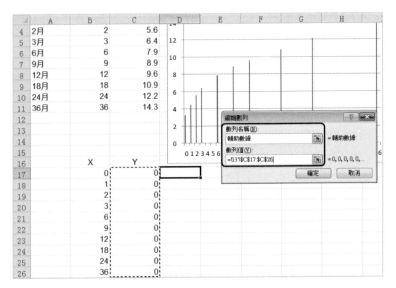

▲ 圖 7 利用折線圖及時間刻度設定 -7

11 點擊「確定」。

12 在「選取資料來源」對話方塊中，點擊「水平（分類）軸標籤」的「編輯」選項。

13 在彈出的「座標軸標籤範圍」對話方塊中，點選 B17~B26 儲存格。

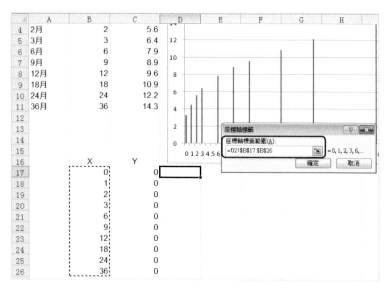

▲ 圖 8 利用折線圖及時間刻度設定 -8

⒁ 依次在兩個對話方塊中點擊「確定」。

⒂ 由於「輔助數據」圖形與水平軸重疊，暫不可視。

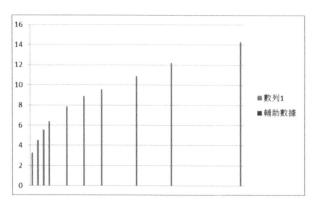

▲ 圖 9 利用折線圖及時間刻度設定 -9

完成檔案「CH4.1-02 利用折線圖及時間刻度設定 - 繪製」之「03」工作表。

16 點擊水平軸。

17 按下「Del」按鍵。

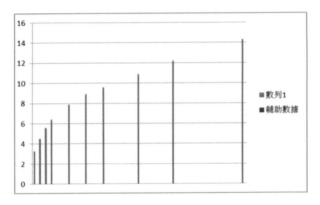

▲ 圖 10 利用折線圖及時間刻度設定 -10

18 暫時將 C18 儲存格的資料改寫為「10」。

19 「輔助數據」的圖形顯示出一部分。

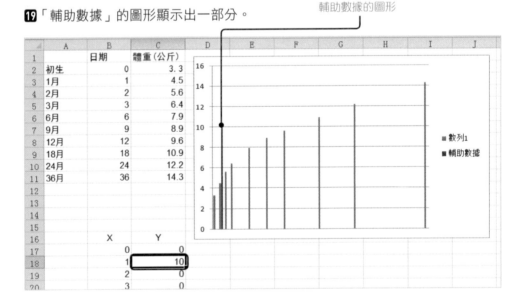

▲ 圖 11 利用折線圖及時間刻度設定 -11

E 完成檔案「CH4.1-02 利用折線圖及時間刻度設定 - 繪製」之「04」工作表。

20 右鍵點擊「輔助數據」圖形，選擇「變更數列圖表類型」。

21 在彈出的「變更圖表類型」對話方塊中，選擇「含有資料標記的折線圖」。

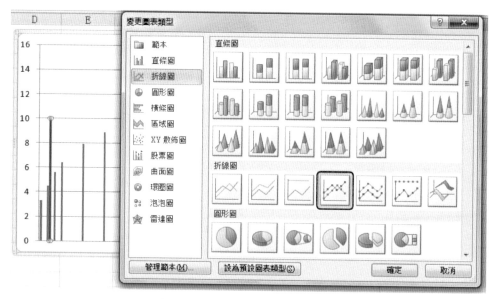

▲ 圖 12 利用折線圖及時間刻度設定 -12

22 點擊「確定」。

23「輔助數據」的圖形變更為「含有資料標記的折線圖」。

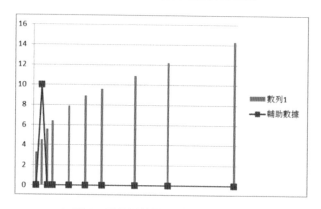

▲ 圖 13 利用折線圖及時間刻度設定 -13

 完成檔案「CH4.1-02 利用折線圖及時間刻度設定 - 繪製」之「05」工作表。

24 將 C18 儲存格資料重新改寫為「0」，則輔助數據圖形回歸到水平軸上。

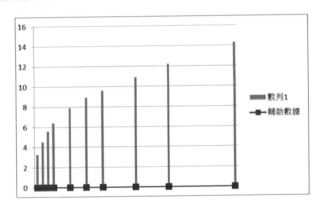

▲ 圖 14 利用折線圖及時間刻度設定 -14

完成檔案「CH4.1-02 利用折線圖及時間刻度設定 - 繪製」之「06」工作表。

25 選中「輔助數據」數列。

26 點擊工作列「圖表工具→版面配置」按鍵，並點擊「資料標籤→下」。

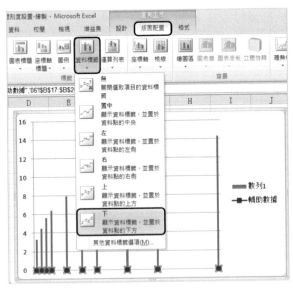

▲ 圖 15 利用折線圖及時間刻度設定 -15

27 「輔助數據」的 Y 值呈現在圖表的最下方。

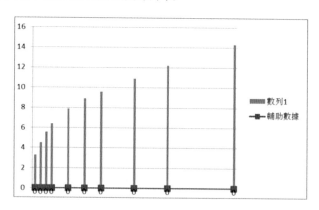

▲ 圖 16 利用折線圖及時間刻度設定 -16

完成檔案「CH4.1-02 利用折線圖及時間刻度設定 - 繪製」之「07」工作表。

28 右鍵點擊資料標籤,選擇「資料標籤格式」。

29 在彈出的「資料標籤格式」對話方塊中,點擊「標籤選項」,「標籤包含」選擇 「類別名稱」。表示用 B17~B26 儲存格的值作為「資料標籤」。

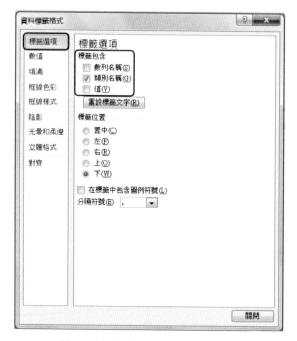

▲ 圖 17 利用折線圖及時間刻度設定 -17

30 點擊「關閉」。

31 資料標籤如「圖 18 利用折線圖及時間刻度設定 -18」所示。

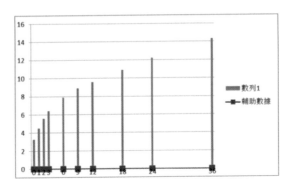

▲ 圖 18 利用折線圖及時間刻度設定 -18

完成檔案「CH4.1-02 利用折線圖及時間刻度設定 - 繪製」之「08」工作表。

STEP 03 細節處理。

1 右鍵點擊數列 1，選擇「資料數列格式」。

2 在彈出的「資料數列格式」對話方塊中，點擊「填滿」，選擇「實心填滿」，「填滿色彩」設定為 RGB（21,56,162）。

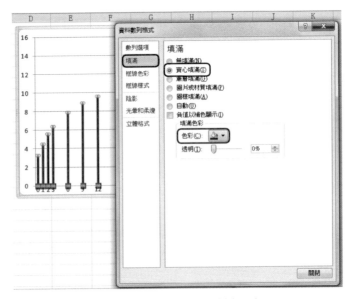

▲ 圖 19 利用折線圖及時間刻度設定 -19

3 點擊「關閉」。

4 右鍵點擊垂直軸，選擇「座標軸格式」。

5 在彈出的「座標軸格式」對話方塊中點擊「座標軸選項」，「主要刻度」選「無」。

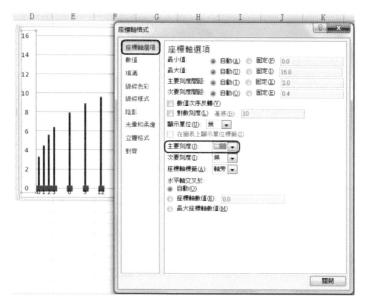

▲ 圖 20 利用折線圖及時間刻度設定 -20

6 數列 1 的色彩如「圖 21 利用折線圖及時間刻度設定 -21」所示。

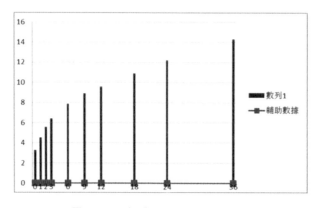

▲ 圖 21 利用折線圖及時間刻度設定 -21

完成檔案「CH4.1-02 利用折線圖及時間刻度設定 - 繪製」之「09」工作表。

7 點擊「輔助數據」數列。

8 點擊「標記選項」,「標記類型」選擇「無」。

▲ 圖 22 利用折線圖及時間刻度設定 -22

9 點擊「線條色彩」,選擇「無線條」。

▲ 圖 23 利用折線圖及時間刻度設定 -23

🔟 點擊「關閉」。

1️⃣1️⃣「輔助數據」數列被隱藏了。

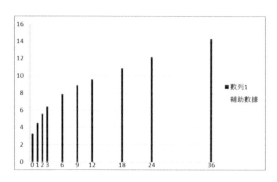

▲ 圖 24 利用折線圖及時間刻度設定 -24

完成檔案「CH4.1-02 利用折線圖及時間刻度設定 - 繪製」之「10」工作表。

1️⃣2️⃣ 選中圖例。

1️⃣3️⃣ 按下「Del」按鍵。

1️⃣4️⃣ 右鍵點擊圖表區，選擇「圖表區格式」。

1️⃣5️⃣ 在彈出的「圖表區格式」對話方塊中，點擊「框線色彩」，選擇「無線條」。

1️⃣6️⃣ 點擊「關閉」。

1️⃣7️⃣ 依次選中各類文字，點擊工作列「常用」按鍵，字型選擇「Arial」。

1️⃣8️⃣ 圖表繪製完成。體重資料按照月份大小非等間隔排列。

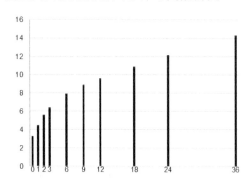

▲ 圖 25 利用折線圖及時間刻度設定 -25

完成檔案「CH4.1-02 利用折線圖及時間刻度設定 - 繪製」之「11」工作表。

利用 XY 散佈圖設定

4.2

水平軸的不等間隔座標可以利用折線圖完成，但如果要將垂直軸設定為不等間隔座標，折線圖就無能為力了，需借助 XY 散佈圖。這是因為，EXCEL 中的折線圖可以繪製水平線但是無法繪製垂直線，因此，在模擬水平軸資料標籤時可以使用折線圖，但在模擬垂直軸資料標籤時要使用看似更複雜些的 XY 散佈圖。

例如，我們要為某企業的各年度表現打分並分等級，按照不同的等級，政府每年給予不同的優惠政策。若是按照企業的分值繪製圖表，通常我們會用普通的直條圖表示如「圖 26 利用 XY 散佈圖設定 -1」所示。

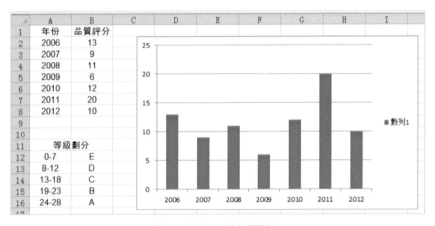

▲ 圖 26 利用 XY 散佈圖設定 -1

但政府對評分的分級不是均等的，如「圖 26 利用 XY 散佈圖設定 -1」中「等級劃分」所示。為了更清晰地表達分級，我們希望僅在 0、7.5、12.5、18.5、23.5、28 處（各分級的分界點以及分級的最大最小值）呈現格線。由於 EXCEL 將座標軸作為單獨的對象，修改任意主格線，其他的格線會跟著修改，因此我們要借助其他工具完成這個任務。

本章節將借用 XY 散佈圖重新設定垂直軸座標，使得「評分」與「等級劃分」相互搭配，如「圖 27 利用 XY 散佈圖設定 -2」所示。

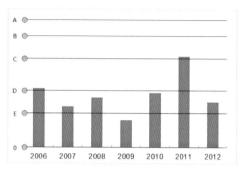

▲ 圖 27 利用 XY 散佈圖設定 -2

下面將介紹具體操作步驟。

STEP 01 建立垂直軸標籤的「輔助數據」。

1 打開檔案「CH4.2-01 利用 XY 散佈圖設定 - 原始」之「原始」工作表。

2 在 A18~B24 儲存格中建立輔助資料，如「圖 28 利用 XY 散佈圖設定 -3」所示。

「輔助數據」是包含「0、7.5、12.5、18.5、23.5、28」的資料表，用於繪製 XY 散佈圖，資料含「.5」是為了將「等級劃分線」顯示於上下兩個等級之間。在輔助資料表的左側設定一欄值為「0」的資料，由此構成完整的 XY 散佈圖的資料座標值。

	A	B
17		
18	X	Y
19	0	0
20	0	7.5
21	0	12.5
22	0	19.5
23	0	24.5
24	0	28

▲ 圖 28 利用 XY 散佈圖設定 -3

 完成檔案「CH4.2-02 利用 XY 散佈圖設定 - 繪製」之「01」工作表。

3 右鍵點擊繪圖區，選擇「選取資料」。

4 在彈出的「選取資料來源」對話方塊中，點擊「新增」。

⑤ 在彈出的「編輯數列」對話方塊中，在「數列名稱」下的空白欄中鍵入「輔助數據」。

⑥ 刪除「數列值」下的欄位中的「={1}」。

⑦ 點選 B19~B24 儲存格。

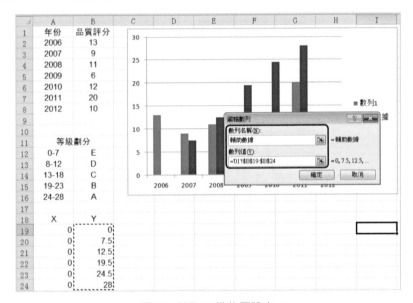

▲ 圖 29 利用 XY 散佈圖設定 -4

⑧ 依次在兩個對話方塊中點擊「確定」。

⑨ 新增的「輔助數據」數列為折線圖。

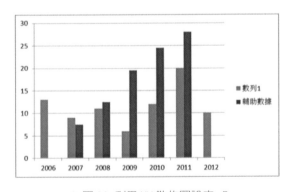

▲ 圖 30 利用 XY 散佈圖設定 -5

 完成檔案「CH4.2-02 利用 XY 散佈圖設定 - 繪製」之「02」工作表。

⓾ 右鍵點擊任意「輔助數據」數列，選擇「變更數列圖表類型」。

⓫ 在彈出的「變更圖表類型」對話方塊中，選擇 XY 散佈圖。

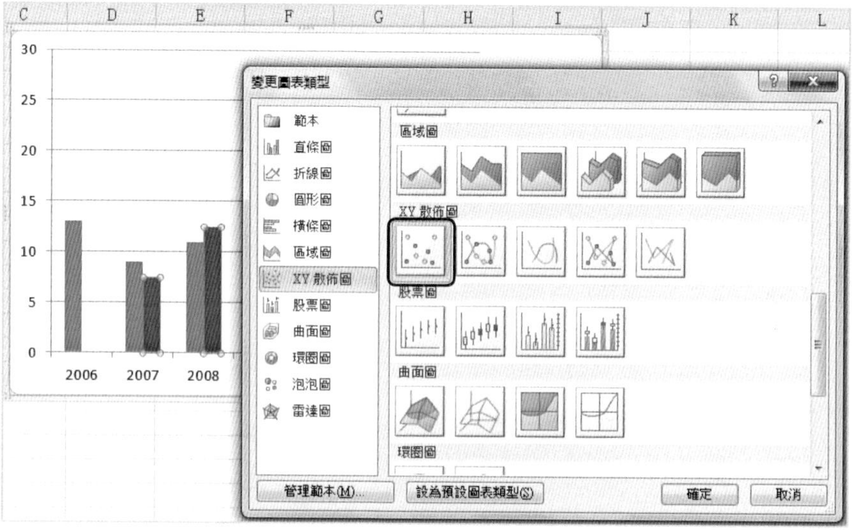

▲ 圖 31 利用 XY 散佈圖設定 -6

⓬ 點擊「確定」。

⓭ XY 散佈圖以散點形式分佈在繪圖區。

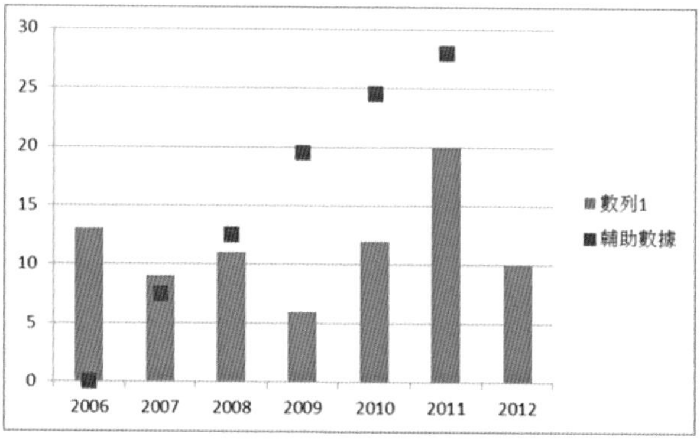

▲ 圖 32 利用 XY 散佈圖設定 -7

⓮ 右鍵點擊繪圖區,選擇「選取資料」。

⓯ 在彈出的「選取資料來源」對話方塊中,選中「輔助數據」,並點擊「編輯」。

▲ 圖 33 利用 XY 散佈圖設定 -8

⓰ 在彈出的「編輯數列」對話方塊中,點擊「數列 X 值」下方的空白欄,並點選 A19~A24 儲存格。

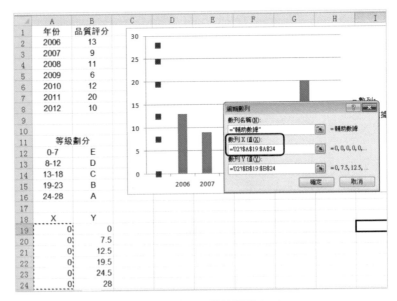

▲ 圖 34 利用 XY 散佈圖設定 -9

⓱ 點擊「確定」。

⓲ XY 散佈圖的數據點排列成一條垂直的直線，如「圖 35 利用 XY 散佈圖設定 -10」所示。這正是垂直軸數據標籤的原始狀態。

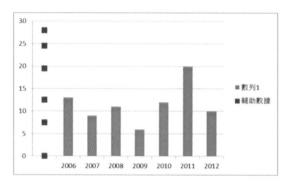

▲ 圖 35 利用 XY 散佈圖設定 -10

完成檔案「CH4.2-02 利用 XY 散佈圖設定 - 繪製」之「03」工作表。

STEP 02 為 XY 散佈圖設定獨立的垂直軸和水平軸。

❶ 右鍵點擊 XY 散佈圖的任意資料點，選擇「資料數列格式」。

❷ 在彈出的「資料數列格式」對話方塊中，點擊「數列選項」，選擇「副座標軸」。

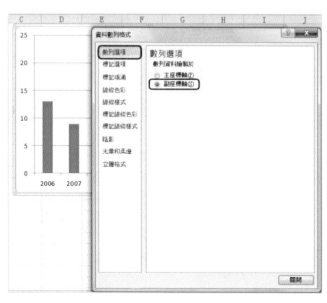

▲ 圖 36 利用 XY 散佈圖設定 -11

3 點擊「確定」。

4 「輔助數據」的圖形暫時消失了。

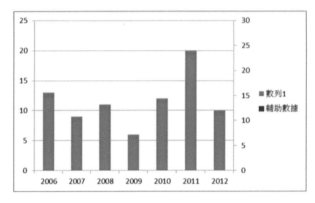

▲ 圖 37 利用 XY 散佈圖設定 -12

5 選中圖表區。

6 點擊工作列「圖表工具→版面配置」按鍵，並點擊「座標軸→副水平軸→顯示預設座標軸」。

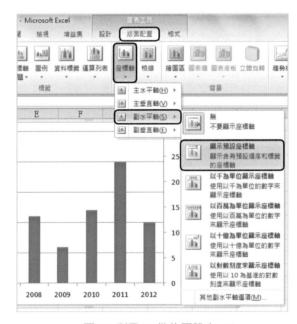

▲ 圖 38 利用 XY 散佈圖設定 -13

7 圖表區上方出現副水平軸，右側出現副垂直軸，輔助數據的圖形又重新顯示出來。

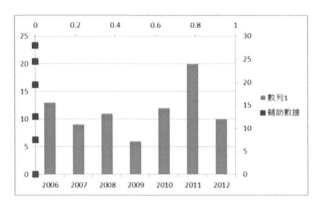

▲ 圖 39 利用 XY 散佈圖設定 -14

 完成檔案「CH4.2-02 利用 XY 散佈圖設定 - 繪製」之「04」工作表。

8 右鍵點擊垂直軸，選擇「座標軸格式」。

9 在彈出的「座標軸格式」對話方塊中，點擊「座標軸選項」,「最小值」選擇「固定」，並在右側欄位中鍵入「0」。

10 「最大值」選擇「固定」，並在右側欄位中鍵入「28」。

11 選中副垂直軸。

12 在「座標軸格式」對話方塊中，點擊「座標軸選項」,「最小值」選擇「固定」，並在右側欄位中鍵入「0」。

13 「最大值」選擇「固定」，並在右側欄位中鍵入「28」。

14 點擊「關閉」。

15 右鍵點擊副水平軸，選擇「座標軸格式」。

16 在彈出的「座標軸格式」對話方塊中，點擊「座標軸選項」,「最小值」選擇「固定」，並在右側欄位中鍵入「0」。

17 「最大值」選擇「固定」，並在右側欄位中鍵入「1」。

副水平軸的最值必須設定為固定值，因為之後要利用 XY 散佈圖的誤差線繪製格線，若不固定副水平軸的最值，誤差線無法跨越整個橫軸區間，而是僅覆蓋一部分。

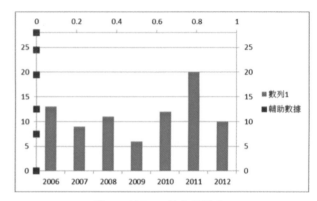
▲ 圖 40 利用 XY 散佈圖設定 -15

18 點擊「關閉」。如「圖 40 利用 XY 散佈圖設定 -15」所示。

完成檔案「CH4.2-02 利用 XY 散佈圖設定 - 繪製」之「05」工作表。

STEP 03 主垂直軸的「刻度線」樣式和座標軸標籤。

1 右鍵點擊 XY 散佈圖的任意資料點，選擇「資料數列格式」。

2 在彈出的「資料數列格式」對話方塊中，點擊「標記選項」，「標記類型」選擇「內建」，類型選擇「圓點」。

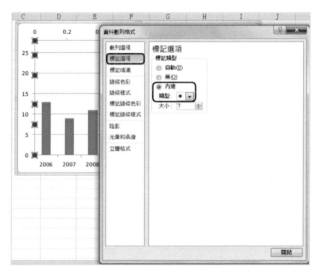
▲ 圖 41 利用 XY 散佈圖設定 -16

3 點擊「標記填滿」，選擇「實心填滿」，色彩設定為「橙色」（「色彩面板」第 7 列的第 3 個色彩）。

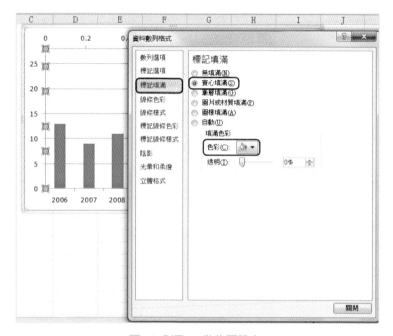

▲ 圖 42 利用 XY 散佈圖設定 -17

4 點擊「關閉」。如所示。

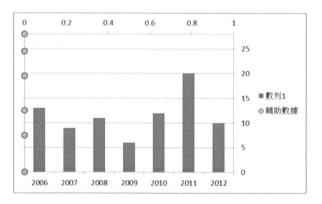

▲ 圖 43 利用 XY 散佈圖設定 -18

 完成檔案「CH4.2-02 利用 XY 散佈圖設定 - 繪製」之「06」工作表。

5 右鍵點擊主垂直軸,選擇「座標軸格式」。

6 在彈出的「座標軸格式」對話方塊中,點擊「座標軸選項」,「座標軸標籤」
選擇「無」。

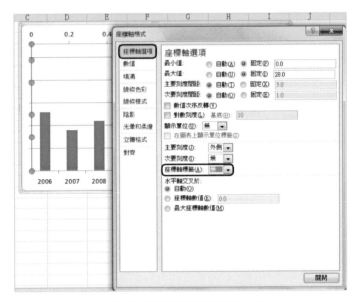

▲ 圖 44 利用 XY 散佈圖設定 -19

7 點擊「關閉」。

8 選中 XY 散佈圖的資料點。

9 選擇工作列「圖表工具→版面配置」按
鍵,並點擊「資料標籤→左」。

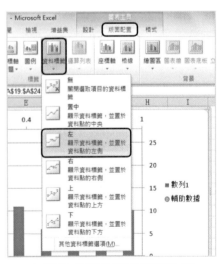

▲ 圖 45 利用 XY 散佈圖設定 -20

⑩ 資料標籤顯示在 XY 散佈圖各資料點的左側。

由於資料標籤被繪圖區的位置限制了，與資料點部分重疊。

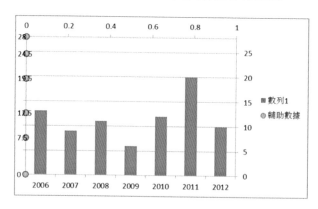

▲ 圖 46 利用 XY 散佈圖設定 -21

完成檔案「CH4.2-02 利用 XY 散佈圖設定 - 繪製」之「07」工作表。

⑪ 選中繪圖區。

⑫ 按住繪圖區框線往右拖移。直至 XY 散佈圖的資料標籤和資料點完全分開。

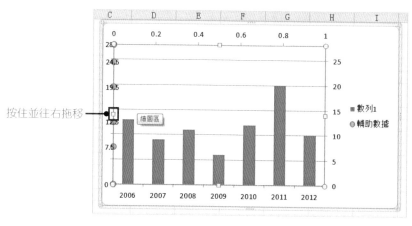

▲ 圖 47 利用 XY 散佈圖設定 -22

⓭ 主垂直軸的「刻度線」樣式和座標軸標籤如「圖 48 利用 XY 散佈圖設定 -23」所示。

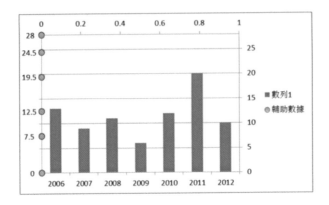

▲ 圖 48 利用 XY 散佈圖設定 -23

⓮ 在資料表的 C18~C24 儲存格中,增加「標籤值」,顯示資料區間的等級。

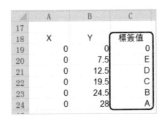

	A	B	C
17			
18	X	Y	標籤值
19	0	0	0
20	0	7.5	E
21	0	12.5	D
22	0	19.5	C
23	0	24.5	B
24	0	28	A

▲ 圖 49 利用 XY 散佈圖設定 -24

⓯ 選中 XY 散佈圖的「資料標籤」。

⓰ 點擊工作列「增益集」按鍵,並點擊「更改數據標籤」。

⓱ 在彈出的「標籤的引用區域」對話方塊中,點選 C19~C24 儲存格。

⓲ 點擊「確定」。

⓳ XY 散佈圖的「資料標籤」由 A~E 等級表示。

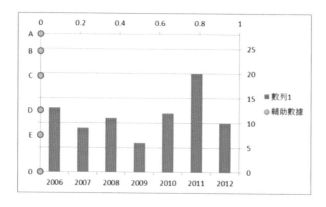

▲ 圖 50 利用 XY 散佈圖設定 -25

完成檔案「CH4.2-02 利用 XY 散佈圖設定 - 繪製」之「08」工作表。

STEP 04 修改格線樣式。

1 右鍵點擊格線,選擇「格線格式」。。

2 在彈出的「格線格式」對話方塊中,點擊「線條色彩」,選擇「無線條」。

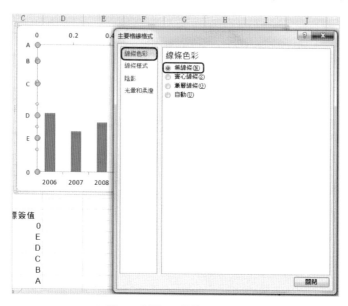

▲ 圖 51 利用 XY 散佈圖設定 -26

❸ 點擊「關閉」。

❹ 選中 XY 散佈圖的資料點。

❺ 點擊工作列「圖表工具→版面配置」按鍵,並點擊「誤差線→其他誤差線選項」。

▲ 圖 52 利用 XY 散佈圖設定 -27

❻ 點擊水平誤差線。

❼ 在彈出的「誤差線格式」對話方塊中,點擊「水平誤差線」,「誤差量」選擇「定值」,並在右側的欄位中鍵入「1.0」。該誤差量即為所設定的副水平軸的最大值。

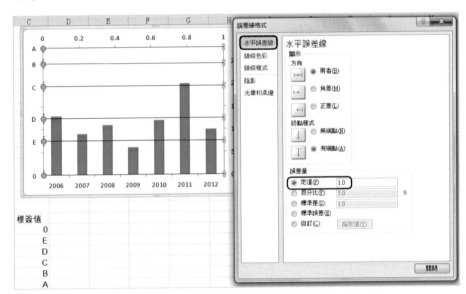

▲ 圖 53 利用 XY 散佈圖設定 -28

8 「終點樣式」選擇「無端點」。

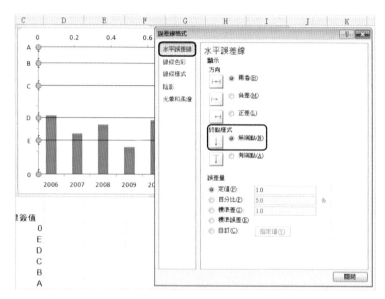

▲ 圖 54 利用 XY 散佈圖設定 -29

9 點擊「關閉」。

10 誤差線橫跨整個繪圖區。

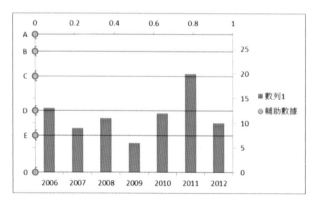

▲ 圖 55 利用 XY 散佈圖設定 -29

E 完成檔案「CH4.2-02 利用 XY 散佈圖設定 - 繪製」之「09」工作表。

⓫ 右鍵點擊 XY 散佈圖的垂直誤差線。

⓬ 在彈出的「誤差線格式」對話方塊中，點擊「垂直誤差線」，「誤差量」選擇「定值」，並將右側欄位中的「1.0」改寫為「0.0」。

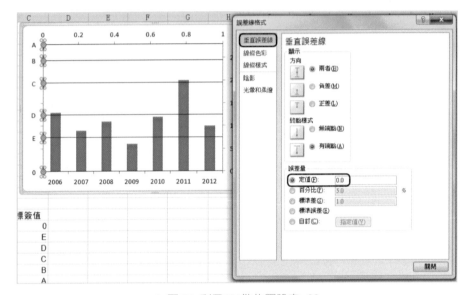

▲ 圖 56 利用 XY 散佈圖設定 -30

⓭ 點擊「關閉」。

⓮ 垂直誤差線消失了。

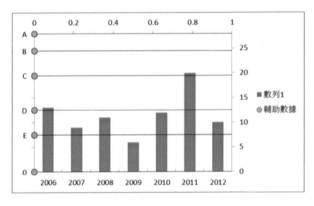

▲ 圖 57 利用 XY 散佈圖設定 -32

完成檔案「CH4.2-02 利用 XY 散佈圖設定 - 繪製」之「10」工作表。

STEP 04 細節處理。

1 右鍵點擊水平軸，選擇「座標軸格式」。

2 在彈出的「座標軸格式」對話方塊中，選擇「座標軸選項」，「主要刻度」選擇「內側」。

3 點擊「關閉」。

4 選中圖例。

5 按下「Del」按鍵。

6 選中主垂直軸。

7 按下「Del」按鍵。

8 選中副垂直軸。

9 按下「Del」按鍵。

10 選中副水平軸。

11 按下「Del」按鍵。

12 右鍵點擊圖表區，選擇「圖表區格式」。

13 在彈出的「圖表區格式」對話方塊中，點擊「框線色彩」，選擇「無線條」。

14 點擊「關閉」。如「圖 58 利用 XY 散佈圖設定 -33」所示。

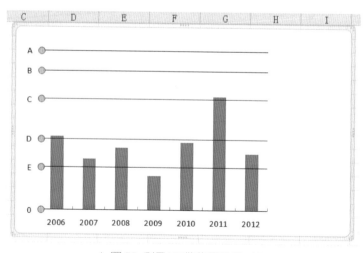

▲ 圖 58 利用 XY 散佈圖設定 -33

 完成檔案「CH4.2-02 利用 XY 散佈圖設定 - 繪製」之「11」工作表。

⑮ 選中繪圖區。

⑯ 將繪圖區右側邊界向右拖移，將繪圖區擴大到圖表區的整個區域。

這是因為，由於刪除圖例，圖表區右側空間多餘。

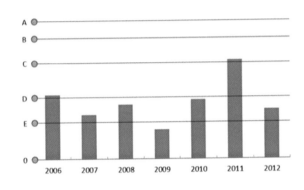

▲ 圖 59 利用 XY 散佈圖設定 -34

⑰ 依次選中各類文字，點擊工作列「常用」按鍵，字型選擇「Arial」。

⑱ 圖表繪製完成。可以清晰顯示不同等級的劃分，以及各年度的等級表現。

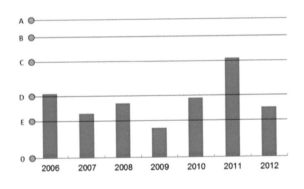

▲ 圖 60 利用 XY 散佈圖設定 -35

完成檔案「CH4.2-02 利用 XY 散佈圖設定 - 繪製」之「12」工作表。

技巧與實作

4.2 章節中,「輔助數據」建立初始,如「圖 61 不等間隔的座標軸 -1」所示。

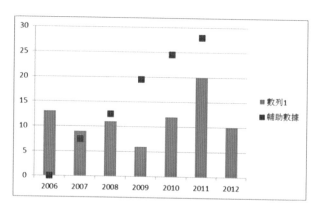

▲ 圖 61 不等間隔的座標軸 -1

完成檔案「CH4.3-01 設定不等間隔座標驟之實作與技巧」之「01」工作表。

選中「輔助數據」數列,EXCEL 公示欄顯示「=SERIES("輔助數據",,'01'!$B$19:$B$24,2)」,這個公式的具體是什麼含義呢?

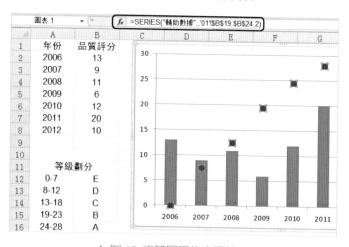

▲ 圖 62 不等間隔的座標軸 -2

「=SERIES("輔助數據",,'01'!$B$19:$B$24,2)」的完整範本是「=SERIES（數列名稱， 數列標籤， 數列值， 數列號）」，在 4.2 章節的範例中，由於「輔助數據」的數列沒有數列標籤，故第 2 項為空白。

修改公式「=SERIES("輔助數據",,'01'!$B$19:$B$24,2)」，其中的第 2 項空白處鍵入「'01'!$A$19:$A$24」，即將 A19~A24 儲存格的值作為 XY 散佈圖的水平軸數值。有了水平軸數值和垂直軸數值後，XY 散佈圖的資料點位置固定了，XY 散佈圖的資料點排列於一條垂直線上。

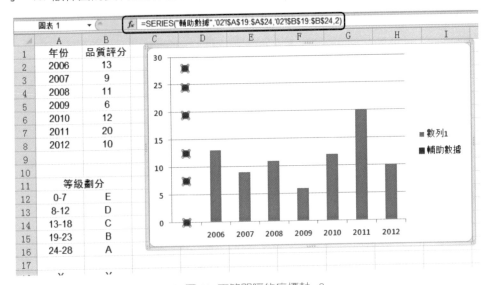

▲ 圖 63 不等間隔的座標軸 -3

完成檔案「CH4.3-01 設定不等間隔座標軸之實作與技巧」之「02」工作表。

用這種方法調整 XY 散佈圖資料點的版面配置，與 4.2 章節的處理結果是一致的。

直條圖的演變

5.1　浮動的直條

5.2　不同色彩的直條

5.3　群組直條圖和堆疊直條圖的組合

5.4　技巧與實作

範例請於 http://goo.gl/82calC 下載

直條圖的使用有自身的局限，但對直條圖進行一些變化，同樣可以達到我們想要的結果。

> ○ *Note*
>
> 1. 將直條圖所表達的不同資料數列，以前後相繼的方式呈現，即顯示為「浮動的直條」，此時既可看到單個數列的量，也可看到各數列的量在總量 100% 中的占比。
> 2. 同一數列的資料預設為同一個色彩，而不同數列可設定成不同的色彩。可以用用不同色彩標識「高於平均值」、「低於平均值」等資料。
> 3. 「群組直條圖」與「堆疊直條圖」的組合圖形，可以同時表達群組特性和堆疊特性，顯示多個數列的相互關係。

下面將介紹如何使用輔助資料，透過「堆疊直條圖」創造新的直條圖形態。

5.1 浮動的直條

之前介紹過，圓形圖可以很好地顯示 100% 的整體，而直條圖不行。如果我們將直條圖調整為「浮動的直條」，也可以達到這一目的。如「圖 1 浮動的直條 -1」所示，5 個商品以前後相繼的方式呈現，既可看到單個商品的銷售量，也可看到各商品銷售量在總銷售量 100% 中的占比。

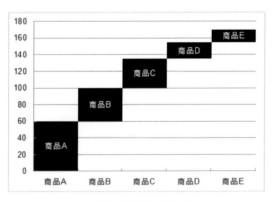

▲ 圖 1 浮動的直條 -1

要實現上述功能，我們需借助輔助圖形，下面將介紹具體操作步驟。

STEP 01 建立輔助資料及直條圖。

1 打開檔案「CH5.1-01 浮動的直條 - 原始」之「原始」工作表。

2 在 B 欄之前插入空白欄。

3 在 B1 儲存格中鍵入「輔助數據」。

4 在 B2 儲存格中鍵入「0」。表示商品 A 的起始值為「0」。

5 在 B3 儲存格中鍵入「=B2+C2」。

6 將 B3 儲存格的公式複製到 B4~B6 儲存格中。表示 B~E 商品的「輔助數據」為上個商品的「輔助數據」與「銷量」之和,即各商品的「輔助數據」為之前各商品的「銷量」之和。

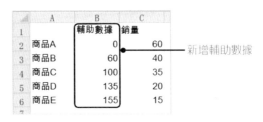

▲ 圖 2 浮動的直條 -2

完成檔案「CH5.1-02 浮動的直條 - 繪製」之「01」工作表。

7 選中 B2~C6 儲存格。

8 點擊工作列「插入」按鍵,並點擊「直條圖→堆疊直條圖」。

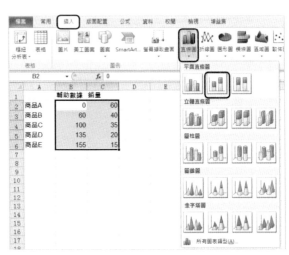

▲ 圖 3 浮動的直條 -3

⑨ 直條圖如「圖 5.1-4 浮動的直
　條 -4」所示。

 完成檔案「CH5.1-02 浮動的直條 -
　繪製」之「02」工作表。

⑩ 選中圖例。

⑪ 按下「Del」按鍵。

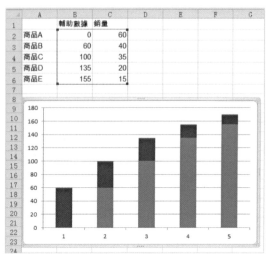

▲ 圖 4 浮動的直條 -4

STEP 02 建立浮動直條圖。

❶ 右鍵點擊任意藍色直條，選擇「資料數列格式」。

❷ 在彈出的「資料數列格式」對話方塊中，點擊「數列選項」，將「類別間距」
　中的「150%」改寫為「0%」。

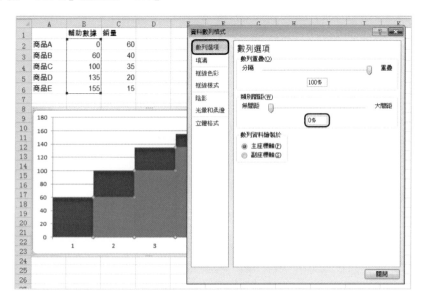

▲ 圖 5 浮動的直條 -5

3 點擊「填滿」，選擇「無填滿」。

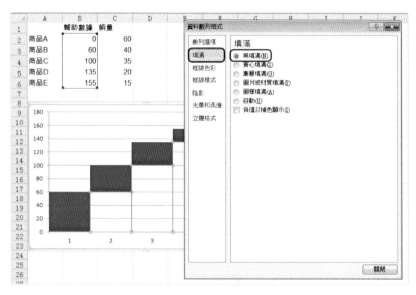

▲ 圖 6 浮動的直條 -6

4 點擊「框線色彩」，選擇「無線條」。

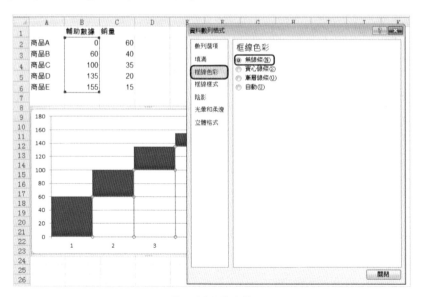

▲ 圖 7 浮動的直條 -7

5 點擊「關閉」。

6 圖表初具「浮動」的效果。如「圖 4 浮動的直條 -4」所示。

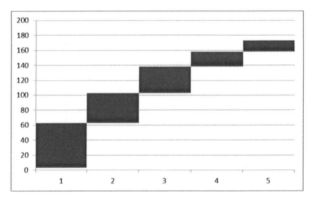

▲ 圖 8 浮動的直條 -8

完成檔案「CH5.1-02 浮動的直條 - 繪製」之「03」工作表。

7 右鍵點擊任意紅色直條,選擇「資料數列格式」。

8 在彈出的「資料數列格式」對話方塊中,點擊「填滿」,選擇「實心填滿」,
色彩選擇「黑色」。

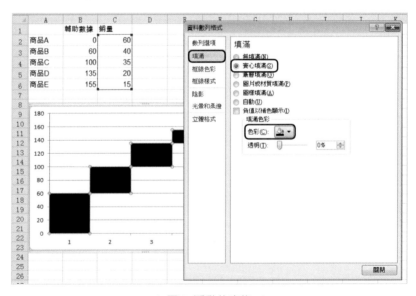

▲ 圖 9 浮動的直條 -9

9 點擊「框線色彩」，選擇「無線條」。

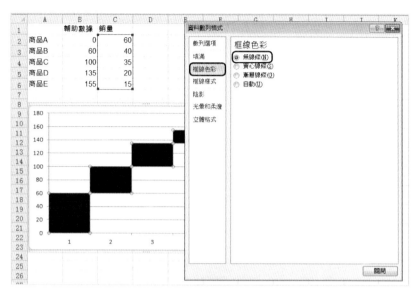

▲ 圖 10 浮動的直條 -10

10 點擊「關閉」。如「圖 11 浮動的直條 -11」所示。

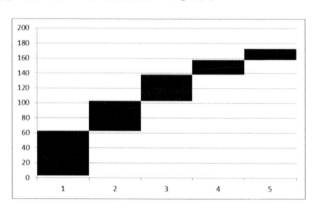

▲ 圖 11 浮動的直條 -11

完成檔案「CH5.1-02 浮動的直條 - 繪製」之「04」工作表。

STEP 03 設定水平軸標籤。

1 右鍵點擊繪圖區,選擇「選取資料」。

2 在彈出的「選取資料來源」對話方塊中,點擊「水平(分類)軸標籤」的「編輯」選項。

3 在彈出的「座標軸標籤範圍」對話方塊中,點選 D2~D6 儲存格。

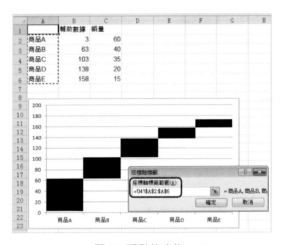

▲ 圖 12 浮動的直條 -12

4 依次在兩個對話方塊中點擊「確定」。

5 水平軸標籤為各商品項名稱。

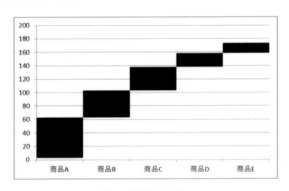

▲ 圖 13 浮動的直條 -13

 完成檔案「CH5.1-02 浮動的直條 - 繪製」之「05」工作表。

STEP 04 設定資料標籤。

1 選中黑色直條。

2 點擊工作列「圖表工具→版面配置」按鍵，並點擊「資料標籤→置中」。

由於 EXCEL 預設的「資料標籤」色彩為「黑色」，而「資料標籤」位於「黑色」直條上，因此「資料標籤」暫不可視。

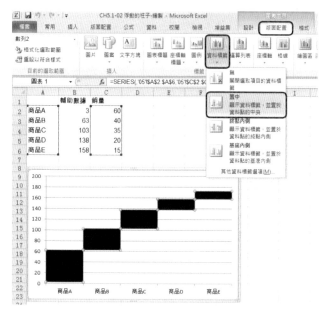

▲ 圖 14 浮動的直條 -14

3 選中「資料標籤」。

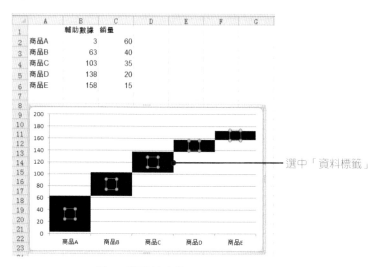

選中「資料標籤」

▲ 圖 15 浮動的直條 -15

④ 點擊工作列「常用」按鍵,並在「字型色彩」中選擇「白色」。

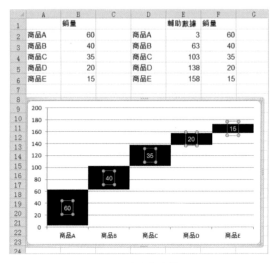

▲ 圖 16 浮動的直條 -16

⑤ 右鍵點擊資料標籤,選擇「資料標籤格式」。

⑥ 在彈出的「資料標籤格式」對話方塊中,點擊「標籤選項」,「標籤包含」選擇「類別名稱」。

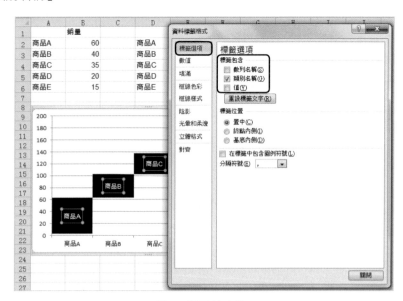

▲ 圖 17 浮動的直條 -17

7 直條上顯示「商品 A~ 商品 E」。

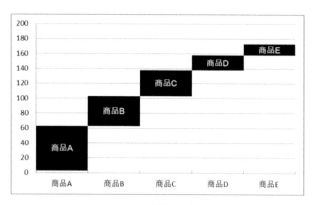

▲ 圖 18 浮動的直條 -18

完成檔案「CH5.1-02 浮動的直條 - 繪製」之「06」工作表。

STEP 05 細節處理。

1 右鍵點擊水平軸,選擇「座標軸格式」。

2 在彈出的「座標軸格式」對話方塊中,點擊「座標軸選項」,「主要刻度」選擇「內側」。

3 選中垂直軸。

4 在「座標軸格式」對話方塊中,點擊「座標軸選項」,「主要刻度」選擇「無」。

5 點擊「關閉」。如「圖 19 浮動的直條 -19」所示。

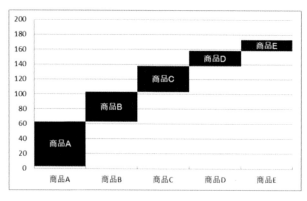

▲ 圖 19 浮動的直條 -19

6 右鍵點擊圖表區，選擇「圖表區格式」。

7 在彈出的「圖表區格式」對話方塊中，點擊「框線色彩」，選擇「無線條」。

8 點擊「關閉」。

9 依次選中各類文字，點擊工作列「常用」按鍵，字型選擇「Arial」。

10 圖表繪製完成。可以清晰表明整體 100% 之中，各商品的銷量及占比。

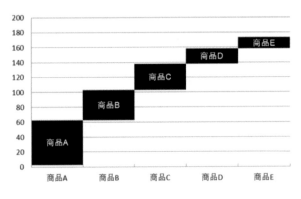

▲ 圖 20 浮動的直條 -20

完成檔案「CH5.1-02 浮動的直條 - 繪製」之「07」工作表。

5.2 不同色彩的直條

EXCEL 中，同一數列的資料預設為同一個色彩，而不同數列可設定成不同的色彩。如果要繪製「圖 21 浮動的直條 -1」，用不同色彩顯示「高於平均值」和「低於平均值」的資料，同樣需要用到輔助資料。

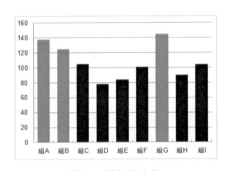

▲ 圖 21 浮動的直條 -1

下面將介紹具體操作步驟。

STEP 01 建立輔助資料及直條圖。

❶ 打開檔案「CH5.2-01 不同色彩的直條 - 原始」之「原始」工作表。

❷ 將 A2~A10 儲存格的資料複製到 D2~D10 儲存格。

❸ 在 E1 和 F1 儲存格中分別鍵入「採摘量 1」和「採摘量 2」。「採摘量 1」和「採摘量 2」將按照「高於平均值」和「低於平均值」分類。

❹ 在 E2 儲存格中鍵入「=IF（B2>$B$11,B2,0）」。

公式表示，當「組 A 的採摘量」（B2）>「平均採摘量」（B11），則「採摘量 1」（E2）為「組 A 的採摘量」（B2），否則「採摘量 2」（F2）為「組 A 的採摘量」（B2）。

❺ 在 F2 儲存格中鍵入「=B2-E2」。

❻ 將 E2 和 F2 儲存格的公式複製到 E3~F10 儲存格中。

	A	B	C	D	E	F
1		採摘量(個)			採摘量1	採摘量2
2	組A	138		組A	138	0
3	組B	125		組B	125	0
4	組C	105		組C	0	105
5	組D	78		組D	0	78
6	組E	84		組E	0	84
7	組F	101		組F	0	101
8	組G	145		組G	145	0
9	組H	90		組H	0	90
10	組I	104		組I	0	104
11	平均	108				

▲ 圖 22 浮動的直條 -2

完成檔案「CH5.2-02 不同色彩的直條 - 繪製」之「01」工作表。

7 選中 E2~F10 儲存格。

8 點擊工作列「插入」按鍵,並點擊「堆疊直條圖」。

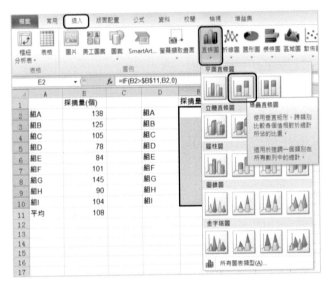

▲ 圖 23 浮動的直條 -3

9 產生的堆疊直條圖如「圖 24 浮動的直條 -4」所示。圖中,將「高於平均值」(數列 1)和「低於平均值」(數列 2)的資料分別用藍色和紅色顯示。

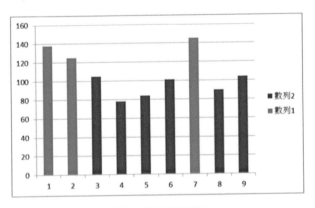

▲ 圖 24 浮動的直條 -4

完成檔案「CH5.2-02 不同色彩的直條 - 繪製」之「02」工作表。

🔟 選中圖例。

⓫ 按下「Del」按鍵。

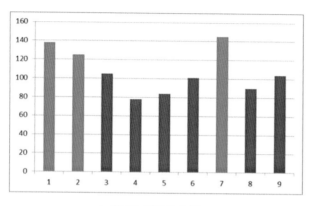

▲ 圖 25 浮動的直條 -5

⓬ 右鍵點擊藍色直條,選擇「資料數列格式」。

⓭ 在彈出的「資料數列格式」對話方塊中,點擊「數列選項」,將「類別間距」中的「150%」改寫為「50%」。

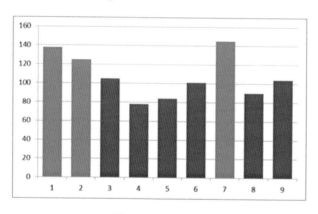

▲ 圖 26 浮動的直條 -6

完成檔案「CH5.2-02 不同色彩的直條 - 繪製」之「03」工作表。

⓮ 點擊「填滿」，選擇「實心填滿」，色彩設定為 RGB（152,184,223）。

⓯ 選中紅色數列。

⓰ 點擊「填滿」，選擇「實心填滿」，色彩設定為 RGB（192,0,0）。

⓱ 點擊「關閉」。如「圖 27 浮動的直條 -7」所示。

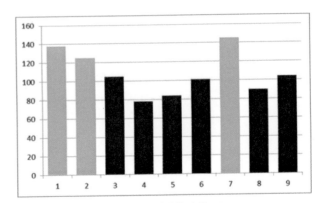

▲ 圖 27 浮動的直條 -7

 完成檔案「CH5.2-02 不同色彩的直條 - 繪製」之「04」工作表。

STEP 02 設定水平軸標籤。

❶ 右鍵點擊繪圖區，選擇「選取資料」。

❷ 在彈出的「選取資料來源」對話方塊中，點擊「水平（分類）軸標籤」的「編輯」選項。

❸ 在彈出的「座標軸標籤範圍」對話方塊中，點選 D2~D10 儲存格。

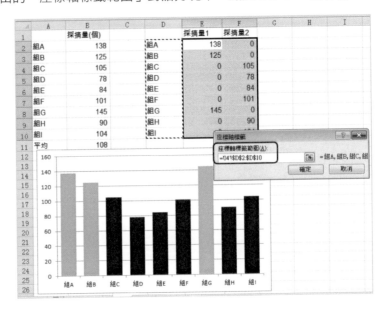

4 依次在兩個對話方塊中點擊「確定」。

5 水平軸標籤如「圖 5.2-8 浮動的直條 -8」所示。

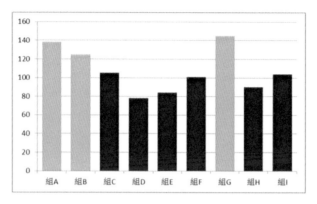

▲ 圖 28 浮動的直條 -8

 完成檔案「CH5.2-02 不同色彩的直條 - 繪製」之「05」工作表。

STEP 03 細節處理。

1 右鍵點擊圖表區，選擇「圖表區格式」。

2 在彈出的「圖表區格式」對話方塊中，點擊「框線色彩」，選擇「無線條」。

3 點擊「關閉」。

4 依次選中各類文字，點擊工作列「常用」按鍵，並將中文「字型」修改為「黑體」，「英文」或「數字」字型修改為「Arial」。

5 右鍵點擊水平軸，選擇「座標軸格式」。

6 在彈出的「座標軸格式」對話方塊中，點擊「座標軸選項」，「主要刻度」選擇「內側」。

7 點擊「關閉」。

8 圖表繪製完成。可以清晰顯示高於平均值和低於平均值的各組別，以及各別組的採摘量。

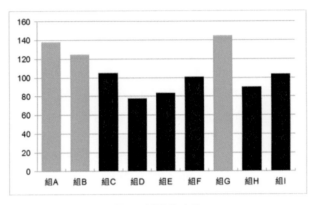

▲ 圖 29 浮動的直條 -9

 完成檔案「CH5.2-02 不同色彩的直條 - 繪製」之「06」工作表。

5.3 群組直條圖和堆疊直條圖的組合

EXCEL 提供了「群組直條圖」、「堆疊直條圖」等直條圖樣式,但是沒有「群組直條圖」和「堆疊直條圖」的組合圖形。如果我們要完成「圖 30 群組直條圖和堆疊直條圖的組合 -1」所示的圖形,需要借助堆疊直條圖、輔助資料、XY 散佈圖協力完成。

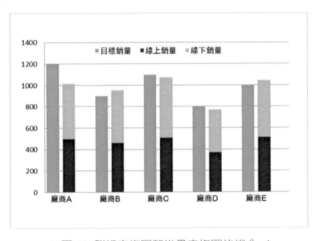

▲ 圖 30 群組直條圖和堆疊直條圖的組合 -1

下面將介紹具體操作步驟。

 STEP 01 建立輔助資料及直條圖。

❶ 打開檔案「CH5.3-01 群組直條圖和堆疊直條圖的組合 - 原始」之「原始」工作表。

❷ 將 B1~D1 儲存格的資料複製到 B9~D9 儲存格。

❸ 依次在 A10、A13、A16、A19 儲存格中鍵入「廠商 A」~「廠商 D」。

❹ 在 E9 儲存格中鍵入「數列」。

❺ 設定「數列 1」~「數列 3」。如「圖 5.3-2 群組直條圖和堆疊直條圖的組合 -2」所示。

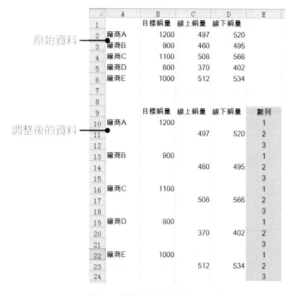

▲ 圖 31 群組直條圖和堆疊直條圖的組合 -2

 完成檔案「CH5.3-02 群組直條圖和堆疊直條圖的組合 - 繪製」之「01」工作表。

「數列 1」對應「目標銷量」實際值、「線上銷量」0 值、「線下銷量」0 值的堆疊。

「數列 2」對應「線上銷量」0 值、「線上銷量」實際值、「線下銷量」實際值的堆疊。

「數列 3」對應「目標銷量」0 值、「線上銷量」0 值、「線下銷量」0 值的堆疊，用於隔開「圖 30 群組直條圖和堆疊直條圖的組合 -1」中各廠商的資料。

6 選中 B10~D24 儲存格。

7 點擊工作列「插入」按鍵,並點擊「直條圖→堆疊直條圖」。

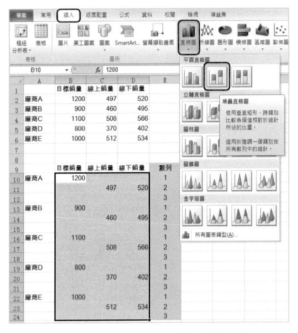

▲ 圖 32 群組直條圖和堆疊直條圖的組合 -3

8 「數列 1」的堆疊直條圖、「數列 2」的堆疊直條圖和「數列 3」的堆疊直條圖,如「圖 33 群組直條圖和堆疊直條圖的組合 -4」所示。

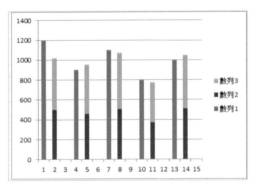

▲ 圖 33 群組直條圖和堆疊直條圖的組合 -4

完成檔案「CH5.3-02 群組直條圖和堆疊直條圖的組合 - 繪製」之「02」工作表。

9 右鍵點擊藍色直條，選擇「資料數列格式」。

10 在彈出的「資料數列格式」對話方塊中，點擊「數列選項」，將「類別間距」中的「150%」改寫為「30%」。

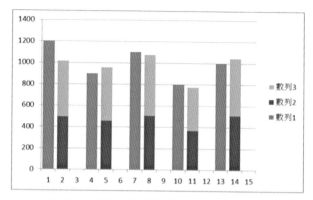

▲ 圖 34 群組直條圖和堆疊直條圖的組合 -5

完成檔案「CH5.3-02 群組直條圖和堆疊直條圖的組合 - 繪製」之「03」工作表。

11 點擊「填滿」。

12 選擇「實心填滿」，色彩設定為 RGB（0,176,240）。

13 選中綠色直條。

14 點擊「填滿」。

15 選擇「實心填滿」，色彩設定為 RGB（146,211,68）。

16 選中紅色直條。

17 點擊「填滿」。

18 選擇「實心填滿」，色彩設定為 RGB（236, 36,38）。

19 點擊「關閉」。結果如「圖 35 群組直條圖和堆疊直條圖的組合 -6」所示。

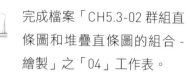完成檔案「CH5.3-02 群組直條圖和堆疊直條圖的組合 - 繪製」之「04」工作表。

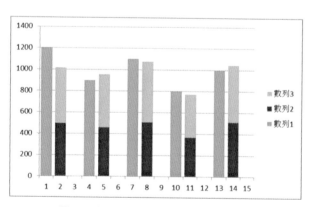

▲ 圖 35 群組直條圖和堆疊直條圖的組合 -6

⓴ 選中圖例。

㉑ 按下「Del」按鍵。

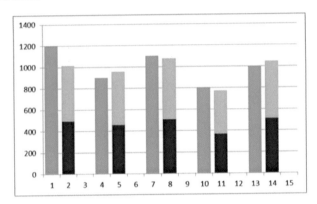

▲ 圖 36 群組直條圖和堆疊直條圖的組合 -7

設定水平軸標籤。

❶ 在 C26~D31 儲存格中建立輔助資料，如「圖 37 群組直條圖和堆疊直條圖的
組合 -8」所示。

▲	A	B	C	D
25				
26			X	Y
27			1.5	0
28			4.5	0
29			7.5	0
30			10.5	0
31			13.5	0

▲ 圖 37 群組直條圖和堆疊直條圖的組合 -8

為了使「水平軸標籤」落在「圖 36 群組直條圖和堆疊直條圖的組合 -7」中兩
根直條中間，輔助資料的水平軸座標含「.5」。

❷ 右鍵點擊繪圖區，選擇「選取資料」。

❸ 在彈出的「選取資料來源」對話方塊中，點擊「新增」。

❹ 在彈出的「編輯數列」對話方塊中，在「數列名稱」下的空白欄中鍵入「輔
助數據」。

5 刪除「數列值」下方欄位中的「={1}」。

6 點選 B27~B31 儲存格。

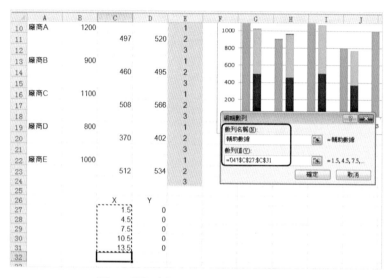

▲ 圖 38 群組直條圖和堆疊直條圖的組合 -9

7 依次在兩個對話方塊中點擊「確定」。

8 右鍵點擊「輔助數據」數列，選擇「變更數列圖表類型」。

9 在彈出的「變更圖表類型」對話方塊中，選擇 XY 散佈圖。

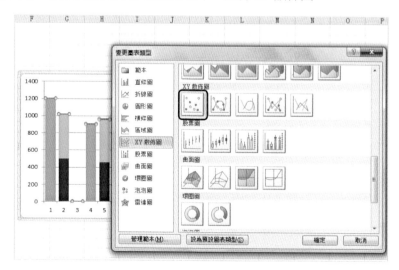

▲ 圖 39 群組直條圖和堆疊直條圖的組合 -10

⑩ 點擊「確定」。結果如「圖 40 群組直條圖和堆疊直條圖的組合 -11」所示。

Ｅ 完成檔案「CH5.3-02 群組直條圖和堆疊直條圖的組合 - 繪製」之「05」工作表。

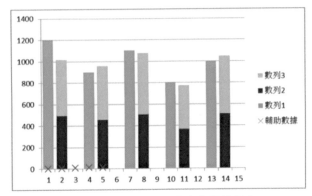

▲ 圖 40 群組直條圖和堆疊直條圖的組合 -11

⑪ 右鍵點擊繪圖區，選擇「選取資料」。

⑫ 在彈出的「選取資料來源」對話方塊中，選中「輔助數據」，點擊「編輯」。

⑬ 在彈出的「編輯數列」對話方塊中，點擊「數列 X 值」下方的空白欄。

⑭ 點選 C27~C31 儲存格。

⑮ 刪除「數列 Y 值」下方的欄位中的「='05'!$C$27:$C$31」。

⑯ 點選 D27~D31 儲存格。

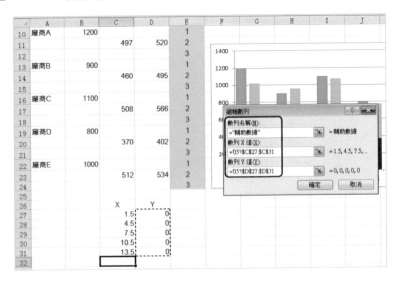

17 依次在兩個對話方塊中點擊「確定」。

18「輔助數據」數列的資料點平均分佈於水平軸上，確定了水平軸標籤的位置。

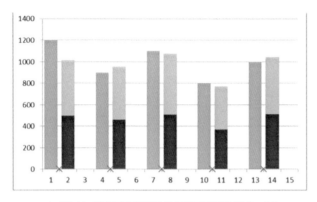

▲ 圖 41 群組直條圖和堆疊直條圖的組合 -12

完成檔案「CH5.3-02 群組直條圖和堆疊直條圖的組合 - 繪製」之「06」工作表。

19 右鍵點擊水平軸，選擇「座標軸格式」。

20 在彈出的「座標軸格式」對話方塊中，點擊「座標軸選項」,「主要刻度」選擇「無」,「座標軸標籤」選擇「無」。

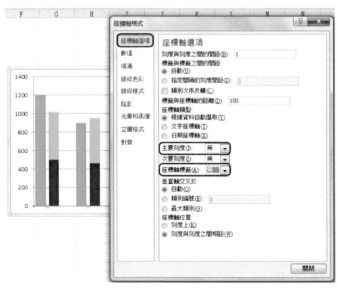

▲ 圖 42 群組直條圖和堆疊直條圖的組合 -13

㉑ 點擊「關閉」。

㉒ 選中 XY 散佈圖的資料點。

㉓ 點擊工作列「圖表工具→版面配置」按鍵，並點擊「資料標籤→下」。

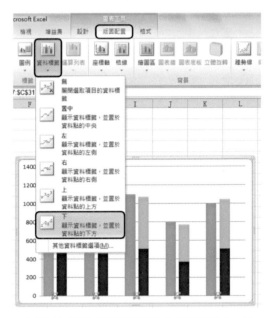

▲ 圖 43 群組直條圖和堆疊直條圖的組合 -14

㉔ XY 散佈圖的「資料標籤」顯示在水平軸下方。

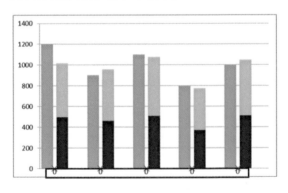

▲ 圖 44 群組直條圖和堆疊直條圖的組合 -15

完成檔案「CH5.3-02 群組直條圖和堆疊直條圖的組合 - 繪製」之「07」工作表。

㉕ 選中 XY 散佈圖的「資料標籤」。

㉖ 點擊工作列「增益集」按鍵，並點擊「更改數據標籤」。

㉗ 在彈出的「標籤的引用區域」對話方塊中，點選 A2~A6 儲存格。

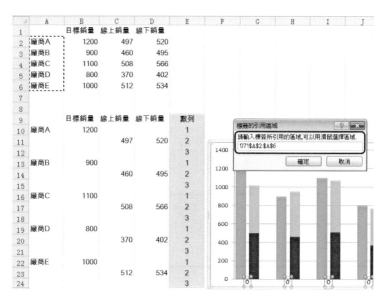

▲ 圖 45 群組直條圖和堆疊直條圖的組合 -16

㉘ 點擊「確定」。

㉙「資料標籤」如「圖 46 群組直條圖和堆疊直條圖的組合 -17」所示。

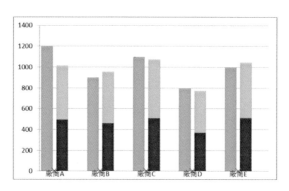

▲ 圖 46 群組直條圖和堆疊直條圖的組合 -17

🔟 選中繪圖區。

🔟 將繪圖區的下側邊界向上拖移。

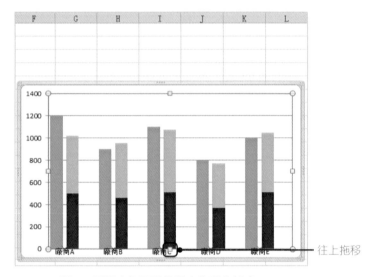

往上拖移

▲ 圖 47 群組直條圖和堆疊直條圖的組合 -18

🔟 新增的「資料標籤」便能清晰顯示。

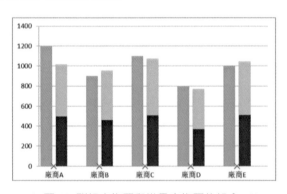

▲ 圖 48 群組直條圖和堆疊直條圖的組合 -19

🄴 完成檔案「CH5.3-02 群組直條圖和堆疊直條圖的組合 - 繪製」之「08」工作表。

33 右鍵點擊「輔助數據」數列，選擇「資料數列格式」。

34 在彈出的「資料數列格式」對話方塊中，點擊「標記選項」，「標記類型」選擇「無」。

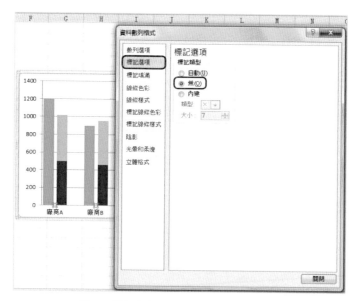

▲ 圖 49 群組直條圖和堆疊直條圖的組合 -20

35 點擊「關閉」。如「圖 50 群組直條圖和堆疊直條圖的組合 -21」所示。

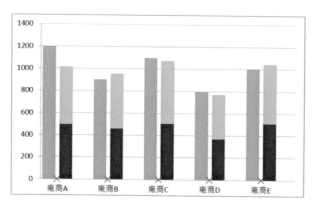

▲ 圖 50 群組直條圖和堆疊直條圖的組合 -21

 完成檔案「CH5.3-02 群組直條圖和堆疊直條圖的組合 - 繪製」之「09」工作表。

STEP 03 調整圖例資訊。

❶ 選中圖表區。

❷ 點擊工作列「圖表工具→版面配置」按鍵,並點擊「圖例→在上方顯示圖例」。

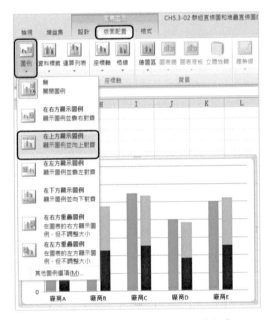

▲ 圖 51 群組直條圖和堆疊直條圖的組合 -22

❸ 圖例訊息補充到圖表區的最上方。

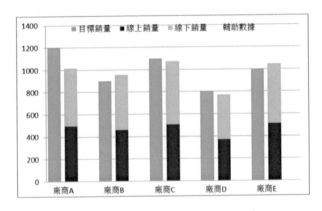

▲ 圖 52 群組直條圖和堆疊直條圖的組合 -23

4 選中圖例,並再次點擊「輔助數據」數列的圖例。

5 按下「Del」按鍵。

　　注意一定是先後兩次點擊,僅選中「輔助數據」數列的情況下按「Del」,不然整個圖例都被刪除了。

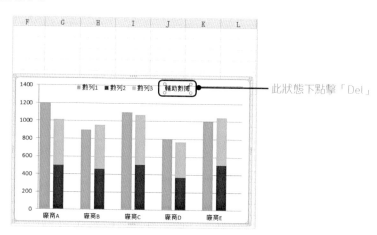

▲ 圖 53 群組直條圖和堆疊直條圖的組合 -24

6 圖例中僅顯示「數列 1」、「數列 2」、「數列 3」3 項圖例。

 完成檔案「CH5.3-02 群組直條圖和堆疊直條圖的組合 - 繪製」之「10」工作表。

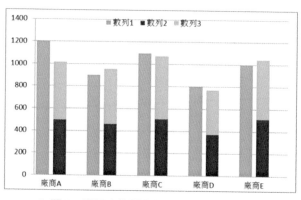

▲ 圖 54 群組直條圖和堆疊直條圖的組合 -25

7 右鍵點擊繪圖區,選擇「選取資料」。

8 在彈出的「選取資料來源」對話方塊中,選中「數列 1」,點擊「編輯」。

9 在彈出的「編輯數列」對話方塊中,在「數列名稱」下方的空白欄中鍵入「目標銷量」。

⑩ 點擊「確定」。

⑪ 選中「數列 2」，點擊「編輯」。

⑫ 在彈出的「編輯數列」對話方塊中，在「數列名稱」下方的空白欄中鍵入「線上銷量」。

⑬ 點擊「確定」。

⑭ 選中「數列 3」，點擊「編輯」。

⑮ 在彈出的「編輯數列」對話方塊中，在「數列名稱」下方的空白欄中鍵入「線下銷量」。

⑯ 依次在兩個對話方塊中點擊「確定」。如「圖 55 群組直條圖和堆疊直條圖的組合 -26」所示。

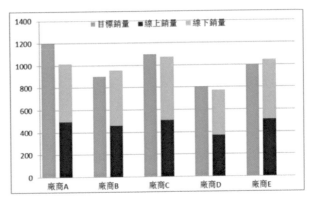

▲ 圖 55 群組直條圖和堆疊直條圖的組合 -26

⑰ 選中圖例。

⑱ 按住圖例，並向下拖移，使得圖例與格線無重疊。

完成檔案「CH5.3-02 群組直條圖和堆疊直條圖的組合 - 繪製」之「11」工作表。

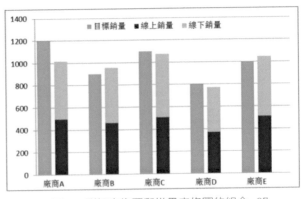

▲ 圖 56 群組直條圖和堆疊直條圖的組合 -27

STEP 04 細節處理。

1 右鍵點擊垂直軸，選擇「座標軸格式」。

2 在彈出的「座標軸格式」對話方塊中，點擊「座標軸選項」,「主要刻度」選擇「無」。

3 選中圖表區。

4 在「圖表區格式」對話方塊中，點擊「框線色彩」，選擇「無線條」。

5 點擊「關閉」。

6 依次選中各類文字，點擊工作列「常用」按鍵，並將中文「字型」修改為「黑體」,「英文」或「數字」字型修改為「Arial」。

7 圖表繪製完成。實現群組直條圖和堆疊直條圖的疊加，且水平軸標籤落在恰當的位置。

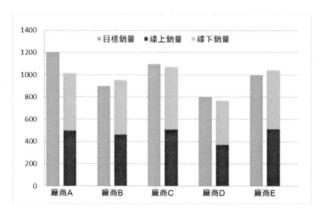

▲ 圖 57 群組直條圖和堆疊直條圖的組合 -28

 完成檔案「CH5.3-02 群組直條圖和堆疊直條圖的組合 - 繪製」之「12」工作表。

技巧與實作

5.4

本章各例都用到輔助資料,用輔助資料要注意什麼呢?

1. 輔助資料和原始資料一定是不同的資料數列,這兩個數列是可以分別單獨操作的。

2. 輔助資料和原始資料的關係是由最終要實現的圖形決定的,輔助資料服務於原始資料。這也是輔助資料在圖表實現後都要「隱身」的原因。

3. 為了便於資料管理,編列輔助資料時,通常是同時編列輔助資料和原始資料,即保留最初的原始資料不動,而將與輔助資料結合的原始資料同時列入新的表格中。

輔助數據與原始數據疊加

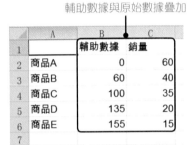

▲ 圖 58 直條圖的演變 -1

4. 輔助資料與原始資料的結合,可能是疊加型的,如「圖 58 直條圖的演變 -1」所示。也可能是拆分型的,如「圖 59 直條圖的演變 -2」所示。需根據實際情況採用。

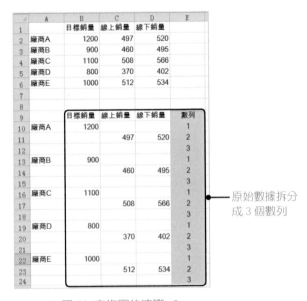

原始數據拆分成 3 個數列

▲ 圖 59 直條圖的演變 -2

6

橫條圖的演變

6.1　滾珠圖

6.2　甘特圖

6.3　手風琴圖

6.4　技巧與實作

範例請於 http://goo.gl/82calC 下載

我們看到的橫條圖，多數表現的是單一數列的資料排列。事實上，橫條圖變身後可以更好地符合表達目的，或者實現其他功能。

> *Note*
>
> 1. 「**滾珠圖**」可以顯示多個資料數列的排佈，規避了橫條圖適用於顯示單一資料數列的情況。
> 2. 「**甘特圖**」在項目管理中非常實用，清晰顯示工作進度，可以將堆疊橫條圖改裝成「甘特圖」。

6.1 滾珠圖

橫條圖的強項，可以清晰表達單一數列的資料。如果資料數列增加，用橫條圖表達不再一目了然。我們可以轉換思維，利用橫條圖及 XY 散佈圖繪製「類橫條圖——滾珠圖」，實現多數列橫條圖的表達效果。「圖 1 滾珠圖 -1」便是希望實現的效果，用「滾珠圖」顯示各門市 2011 年、2012 年、2013 年的銷售額。

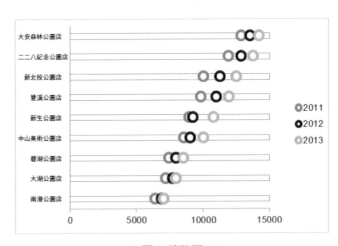

▲ 圖 1 滾珠圖 -1

下面將介紹具體操作步驟。

STEP 01 建立群組橫條圖。

1 打開檔案「CH6.1-01 滾珠圖 - 原始」之「原始」工作表。

2 選中 B1 儲存格。

3 點擊工作列「資料」按鍵,並點擊「從 Z 到 A 排序」。

4 2011 年的資料按「從 Z 到 A 排序」。

	A	B	C	D
1		2011	2012	2013
2	大安森林公園店	12870	13550	14220
3	二二八紀念公園店	11920	12870	13760
4	新北投公園店	10030	11270	12490
5	雙溪公園店	9830	10990	11950
6	新生公園店	8950	9240	10780
7	中山美術公園店	8580	9050	10050
8	碧湖公園店	7450	7980	8540
9	大湖公園店	7210	7740	7980
10	南港公園店	6430	6880	7040

▲ 圖 2 滾珠圖 -2

完成檔案「CH6.1-02 滾珠圖 - 繪製」之「02」工作表。

5 在 E1 儲存格中鍵入「橫條圖」。

6 在 E2~E10 儲存格中均鍵入「15000」,「15000」是能夠覆蓋各年度銷售資料的最大值。

	A	B	C	D	E
1		2011	2012	2013	橫條圖
2	大安森林公園店	12870	13550	14220	15000
3	二二八紀念公園店	11920	12870	13760	15000
4	新北投公園店	10030	11270	12490	15000
5	雙溪公園店	9830	10990	11950	15000
6	新生公園店	8950	9240	10780	15000
7	中山美術公園店	8580	9050	10050	15000
8	碧湖公園店	7450	7980	8540	15000
9	大湖公園店	7210	7740	7980	15000
10	南港公園店	6430	6880	7040	15000

▲ 圖 3 滾珠圖 -3

7 在 F1 儲存格中鍵入「Y 軸」。

8 在 F2~F10 儲存格中依次鍵入「8.5」、「7.5」⋯⋯「1.5」、「0.5」。

Y 軸資料末尾取「.5」，是為了建立「滾軸」和「滾珠」的相對位置。

	A	B	C	D	E	F
1		2011	2012	2013	橫條圖	Y軸
2	大安森林公園店	12870	13550	14220	15000	8.5
3	二二八紀念公園店	11920	12870	13760	15000	7.5
4	新北投公園店	10030	11270	12490	15000	6.5
5	雙溪公園店	9830	10990	11950	15000	5.5
6	新生公園店	8950	9240	10780	15000	4.5
7	中山美術公園店	8580	9050	10050	15000	3.5
8	碧湖公園店	7450	7980	8540	15000	2.5
9	大湖公園店	7210	7740	7980	15000	1.5
10	南港公園店	6430	6880	7040	15000	0.5
11						

▲ 圖 4 滾珠圖 -4

完成檔案「CH6.1-02 滾珠圖 - 繪製」之「02」工作表。

9 選中 B2~E10 儲存格。

10 點擊工作列「插入」按鍵，並點擊「橫條圖→群組橫條圖」。

▲ 圖 5 滾珠圖 -5

⓫「群組橫條圖」如「圖 6 滾珠圖 -6」所示。

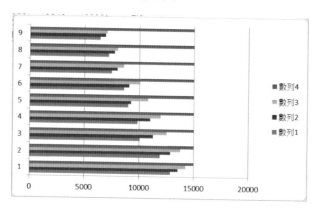

▲ 圖 6 滾珠圖 -6

⓬ 右鍵點擊「數列 1」的橫條，選擇「變更數列圖表類型」。

⓭ 在彈出的「變更圖表類型」對話方塊中，選擇 XY 散佈圖。

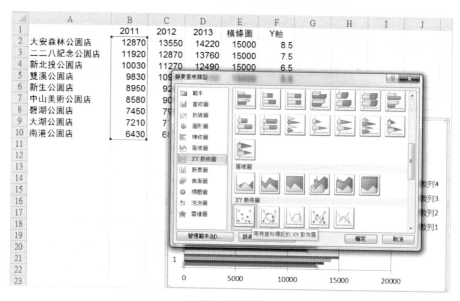

▲ 圖 7 滾珠圖 -7

⓮ 點擊「確定」。

⓯ 「數列 1」的圖形分佈在垂直軸上了。

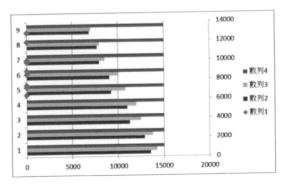

▲ 圖 8 滾珠圖 -8

📖 完成檔案「CH6.1-02 滾珠圖 - 繪製」之「03」工作表。

⓰ 右鍵點擊繪圖書區，選擇「選取資料」。

⓱ 在彈出的「選取資料範圍」對話方塊中，選中「數列 1」，點擊「編輯」。

⓲ 點擊「數列 X 值」下方的空白欄。

⓳ 點選 B2~B10 儲存格。

⓴ 刪除「數列 Y 值」下欄位中的「='03'!$B$2:$B$10」。

㉑ 點選 F2~F10 儲存格。

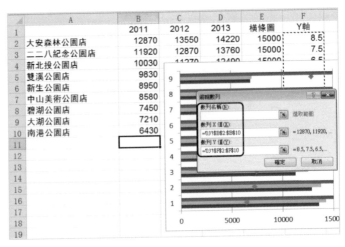

▲ 圖 9 滾珠圖 -9

22 依次在兩個對話方塊中點擊「確定」。

23 對於「數列 2」和「數列 3」做相同的操作。結果如「圖 10 滾珠圖 -10」所示。

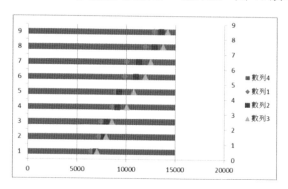

▲ 圖 10 滾珠圖 -10

完成檔案「CH6.1-02 滾珠圖 - 繪製」之「04」工作表。

STEP 02 調整圖形色彩和版面配置。

1 右鍵點擊「數列 4」的橫條，選擇「資料數列格式」。

2 在彈出的「資料數列格式」對話方塊中，點擊「數列選項」，將「類別間距」中的「150%」改寫為「250%」。

減小橫條寬度，是為了作為「滾軸」。

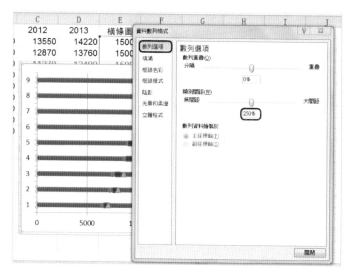

▲ 圖 11 滾珠圖 -11

3 點擊「填滿」，選擇「實心填滿」，色彩選擇「白色」。

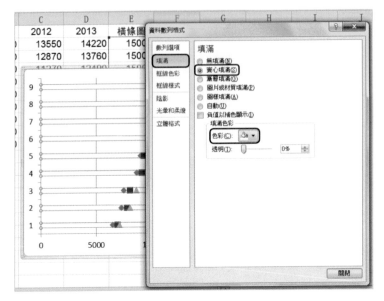

▲ 圖 12 滾珠圖 -12

4 點擊「框線色彩」，選擇「實心線條」，色彩選擇「灰色」（「色彩面板」中第 6 列的第 1 個）。

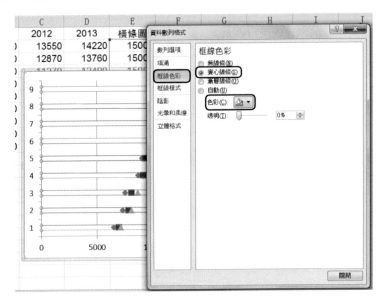

▲ 圖 13 滾珠圖 -13

5 點擊「關閉」。

6 「滾軸」效果如「圖 10 滾珠圖 -10」所示。

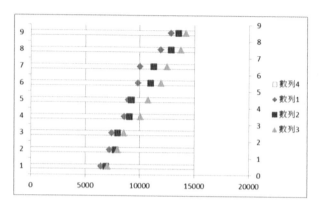

▲ 圖 14 滾珠圖 -14

完成檔案「CH6.1-02 滾珠圖 - 繪製」之「05」工作表。

7 右鍵點擊「數列 1」圖形，選擇「資料數列格式」。

8 在彈出的「資料數列格式」對話方塊中，點擊「標記填滿」，「標記類型」選擇「內建」，「類型」選擇「圓點」，「大小」選擇「10」。

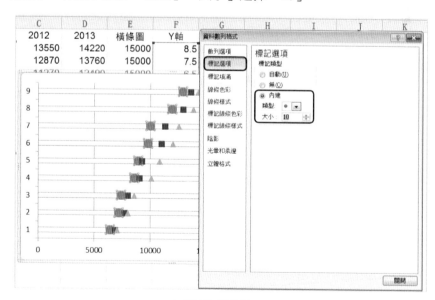

▲ 圖 15 滾珠圖 -15

⑨ 點擊「標記填滿」，選擇「實心填滿」，色彩設定為「白色」。

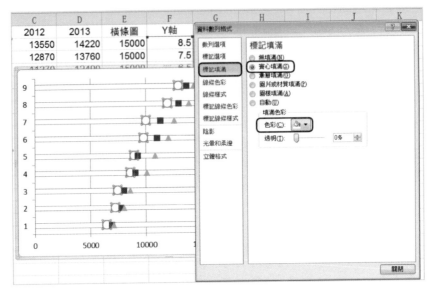

▲ 圖 16 滾珠圖 -16

⑩ 點擊「標記線條色彩」，選擇「實心線條」，色彩設定為 RGB（0,160,238）。

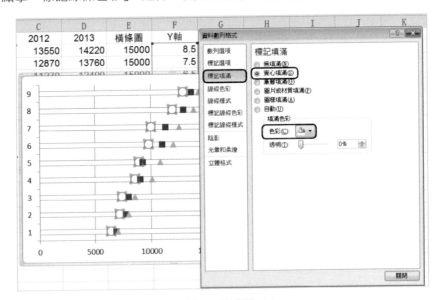

▲ 圖 17 滾珠圖 -17

⓫ 點擊「標記線條樣式」,「寬度」選擇「3pt」。

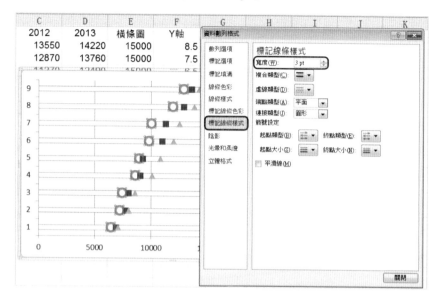

▲ 圖 18 滾珠圖 -18

⓬ 點擊「關閉」。結果如「圖 19 滾珠圖 -19」所示。

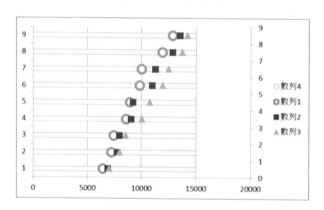

▲ 圖 19 滾珠圖 -19

E 完成檔案「CH6.1-02 滾珠圖 - 繪製」之「06」工作表。

13 對於「數列 2」和「數列 3」做類似的操作，區別僅在於「標記線條色彩」的 RGB。「數列 2」的 RGB（229,33,42），「數列 3」的 RGB（146,211,68）。

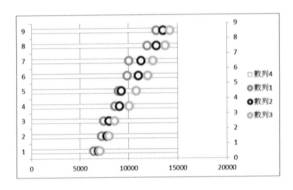

▲ 圖 20 滾珠圖 -20

📖 完成檔案「CH6.1-02 滾珠圖 - 繪製」之「07」工作表。

STEP 03 設定垂直軸標籤。
---

1 右鍵點擊繪圖區，選擇「選取資料」。

2 在彈出的「選取資料來源」對話方塊中，點擊「新增」。

3 在彈出的「編輯數列」對話方塊中，刪除「數列 Y 值」下方欄位中的「={1}」。

4 點選 F2~F10 儲存格。

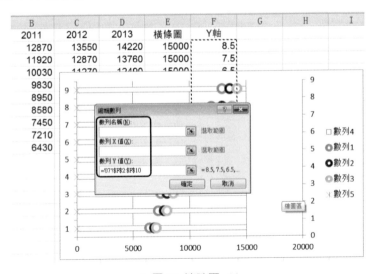

▲ 圖 21 滾珠圖 -21

5 依次在兩個對話方塊中點擊「確定」。

6 垂直軸上出現「數列 5」的資料點。

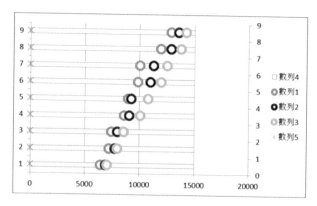

▲ 圖 22 滾珠圖 -22

完成檔案「CH6.1-02 滾珠圖 - 繪製」之「08」工作表。

7 右鍵點擊垂直軸,選擇「座標軸格式」。

8 在彈出的「座標軸格式」對話方塊中,點擊「座標軸選項」,「主要刻度」選擇「無」,「座標軸標籤」選擇「無」。

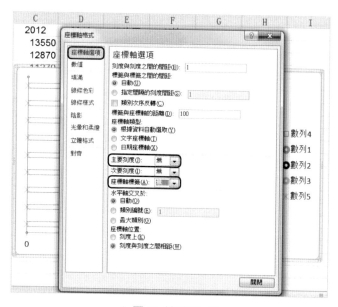

▲ 圖 23 滾珠圖 -23

9 點擊「關閉」。

10 選中「數列 5」。

11 點擊工作列「圖表工具→版面配置」按鍵，並點擊「資料標籤→左」。

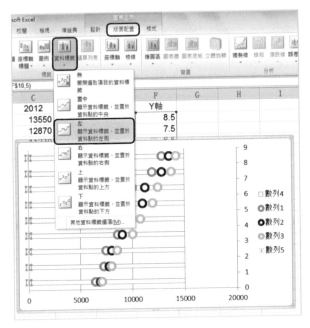

▲ 圖 24 滾珠圖 -24

12 「數列 5」的「資料標籤」顯示於資料點的左側。

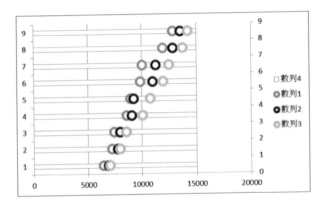

▲ 圖 25 滾珠圖 -25

完成檔案「CH6.1-02 滾珠圖 - 繪製」之「09」工作表。

⓭ 選中「數列 5」的「資料標籤」。

⓮ 點擊工作列「增益集」按鍵，並點擊「更改數據標籤」。

⓯ 在彈出的「標籤的引用區域」對話方塊中，點選 A2~A10 儲存格。

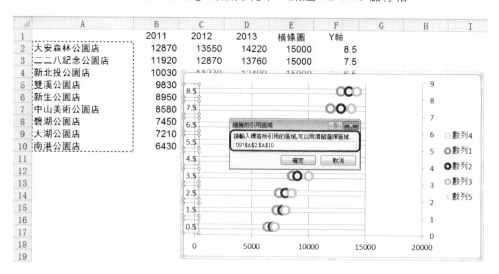

▲ 圖 26 滾珠圖 -26

⓰ 依次在兩個對話方塊中點擊「確定」。

⓱ 「數列 5」的「資料標籤」如「圖 6.1-27 滾珠圖 -27」所示。

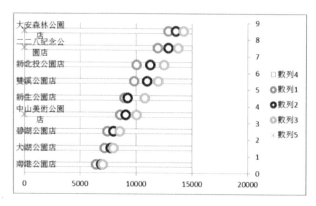

▲ 圖 27 滾珠圖 -27

 完成檔案「CH6.1-02 滾珠圖 - 繪製」之「10」工作表。

⓱ 選中「數列 5」的「資料標籤」。

⓲ 點擊工作列「常用」按鍵，「字型」選擇「黑體」，「字型大小」選擇「7」。

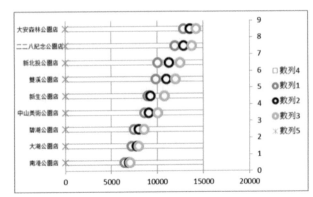

⓳ 選中繪圖區。

⓴ 將繪圖區的左側邊界向右拖移，使得「資料標籤」可以清晰顯示。

▲ 圖 28 滾珠圖 -28

E 完成檔案「CH6.1-02 滾珠圖 - 繪製」之「11」工作表。

STEP 04 細節處理。

❶ 右鍵點擊「數列 5」，選擇「資料數列格式」。

❷ 在彈出的「資料數列格式」對話方塊中，點擊「標記選項」，「標記類型」選擇「無」。

▲ 圖 29 滾珠圖 -29

3 點擊「關閉」。

4 選中圖例，並再次點擊「數列 4」數列的圖例。

5 按下「Del」按鍵。

6 點擊「數列 5」數列的圖例。

7 按下「Del」按鍵。

8 右鍵點擊繪圖區，選擇「選取資料」。

9 在彈出的「選取資料來源」對話方塊中，選中「數列 1」，點擊「編輯」。

10 在「數列名稱」下方的空白欄中，鍵入「2011」。

11 點擊「確定」。

12 選中「數列 2」，點擊「編輯」。

13 在「數列名稱」下方的空白欄中，鍵入「2012」。

14 點擊「確定」。

15 選中「數列 3」，點擊「編輯」。

16 在「數列名稱」下方的空白欄中，鍵入「2013」。

17 依次在兩個對話方塊中點擊「確定」。

18 結果如「圖 30 滾珠圖 -30」所示。

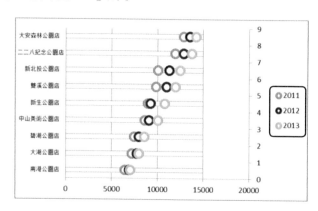

▲ 圖 30 滾珠圖 -30

完成檔案「CH6.1-02 滾珠圖 - 繪製」之「12」工作表。

⑲ 選中格線。

⑳ 按下「Del」按鍵。

㉑ 選中副垂直軸。

㉒ 按下「Del」按鍵。

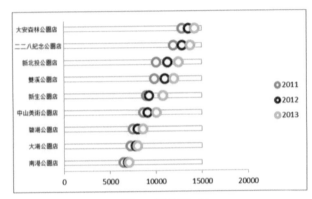

▲ 圖 31 滾珠圖 -31

㉓ 右鍵點擊水平軸,選擇「座標軸格式」。

㉔ 在彈出的「座標軸格式」對話方塊中,點擊「座標軸選項」,「最小值」選擇「固定」,並在右側的空白欄中鍵入「0」。

㉕ 「最大值」選擇「固定」,並在右側的空白欄中鍵入「15000」。

㉖ 點擊「關閉」。結果如「圖 32 滾珠圖 -32」所示。

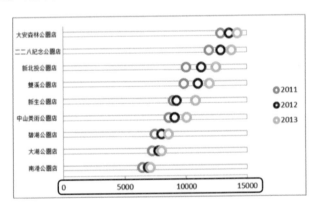

▲ 圖 32 滾珠圖 -32

㉗ 點擊圖表區。

㉘ 在「圖表區格式」對話方塊中,點擊「框線色彩」,選擇「無線條」。

㉙ 點擊「關閉」。

30 依次選中「數字」文字，點擊工作列「常用」按鍵，字型選擇「Arial」。

31 圖表繪製完成。各年度銷售資料如滑珠一樣顯示在滾軸上。

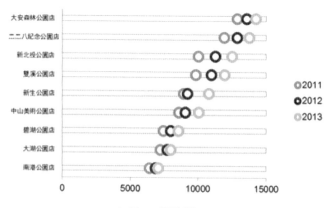

▲ 圖 33 滾珠圖 -33

 完成檔案「CH6.1-02 滾珠圖 - 繪製」之「13」工作表。

6.2 甘特圖

「甘特圖」在項目管理中非常實用，雖然 EXCEL 本身無法直接產生「甘特圖」，但我們可以利用橫條圖改裝。

例如，我們要用「甘特圖」表達「圖 34 甘特圖 -1」左側表格中進度，可以用堆疊橫條圖實現「圖 34 甘特圖 -1」右側的圖表。

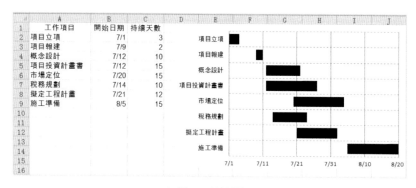

▲ 圖 34 甘特圖 -1

下面將介紹具體操作步驟。

STEP 01 建立堆疊橫條圖。

❶ 打開檔案「CH6.2-01 甘特圖 - 原始」之「原始」工作表。

❷ 將 B1~B9 儲存格的資料複製到 E1~E9 儲存格中。

❸ 將 C1~C9 儲存格的資料複製到 G1~G9 儲存格中。

❹ 在 F1 儲存格中鍵入「輔助數據」。

❺ 在 F2 儲存格中鍵入「=E2-$E$2」。F2 儲存格的值為 E 欄（開始日期）與「7/1（日期）」的差值。

❻ 將 F2 儲存格的公式複製到 F3~F9 儲存格中。

	A	B	C	D	E	F	G
1	工作項目	開始日期	持續天數		開始日期	輔助數據	持續天數
2	項目立項	7/1	3		7/1	0	3
3	項目報建	7/9	2		7/9	8	2
4	概念設計	7/12	10		7/12	11	10
5	項目投資計畫書	7/12	15		7/12	11	15
6	市場定位	7/20	15		7/20	19	15
7	稅務規劃	7/14	10		7/14	13	10
8	擬定工程計畫	7/21	12		7/21	20	12
9	施工準備	8/5	15		8/5	35	15

▲ 圖 35 甘特圖 -2

完成檔案「CH6.2-02 甘特圖 - 繪製」之「01」工作表。

❼ 選中 F2~G9 儲存格。

❽ 點擊工作列「插入」按鍵，並點擊「橫條圖→堆疊橫條圖」。

❾ 右鍵點擊繪圖區，選擇「選取資料」。

❿ 在彈出的「選取資料來源」對話方塊中，點擊「水平（分類）軸標籤」的「編輯」選項。

⓫ 在彈出的「座標軸標籤範圍」對話方塊中，點選 A2~A9 儲存格。

⓬ 依次在兩個對話方塊中點擊「確定」。

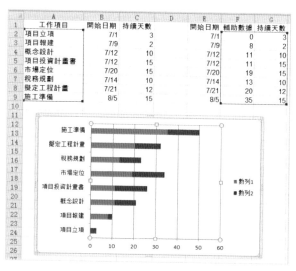

▲ 圖 36 甘特圖 -3

 完成檔案「CH6.2-02 甘特圖 - 繪製」之「02」工作表。

13 鍵點擊垂直軸，選擇「座標軸格式」。

14 在彈出的「座標軸格式」對話方塊中，點擊「座標軸選項」，勾選「類別次序反轉」。

15 點擊「關閉」。

16 橫條圖的橫條順序上下顛倒，這樣符合我們的閱讀習慣，即按「起始時間」先後，從上至下排列工作項目。

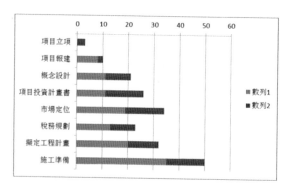

▲ 圖 37 甘特圖 -4

 完成檔案「CH6.2-02 甘特圖 - 繪製」之「03」工作表。

STEP 02 設定日期座標。

1 在 I1、J1、K1 儲存格中依次鍵入「X」、「Y」、「標籤值」。

2 將 E2~E7 儲存格複製到 K2~K7 儲存格中。

3 在 I2~J7 儲存格中鍵入「標籤位置」的座標，如「圖 38 甘特圖 -5」所示。「標籤位置」用於設定「日期座標」的標籤位置。

E	F	G	H	I	J	K
開始日期	輔助數據	持續天數		X	Y	標籤值
7/1	0	3		0	0	7/1
7/9	8	2		10	0	7/11
7/12	11	10		20	0	7/21
7/12	11	15		30	0	7/31
7/20	19	15		40	0	8/10
7/14	13	10		50	0	8/20
7/21	20	12				
8/5	35	15				

「日期座標」的標籤位置

▲ 圖 38 甘特圖 -5

4 右鍵點擊繪圖區，選擇「選取資料」。

5 在彈出的「選取資料來源」對話方塊中，點擊「新增」。

6 在彈出的「編輯數列」對話方塊中，在「數列名稱」下方的空白欄中鍵入「標籤位置」。

7 刪除「數列名稱」下方欄位中的「{1}」。

8 點選 J2~J7 儲存格。

9 依次在兩個對話方塊中點擊「確定」。

10 選中「數列 3」。

由於「數列 3」的圖形暫不可視，需點擊工作列「圖表工具→版面配置」按鍵，並在左上角的下拉選單中選擇「數列 3」。

11 右鍵點擊「數列 3」，選擇「變更數列圖表類型」。

12 在彈出的「變更圖表類型」對話方塊中，選擇「含有資料標記的折線圖」。

13 點擊「確定」。結果如「圖 39 甘特圖 -6」所示。

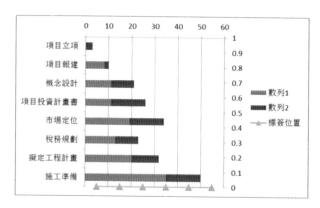

▲ 圖 39 甘特圖 -6

 完成檔案「CH6.2-02 甘特圖 - 繪製」之「04」工作表。

14 點擊工作列「圖表工具→版面配置」按鍵，並點擊「座標軸→副水平軸→顯示左至右座標軸」。

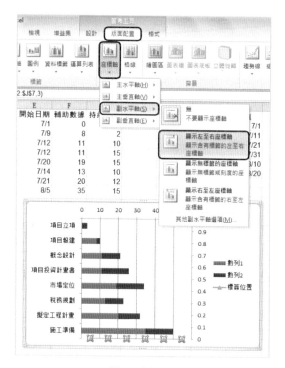

▲ 圖 40 甘特圖 -7

🔟5️⃣ 圖表區顯示主副兩條水平軸，副水平軸對應折線圖。

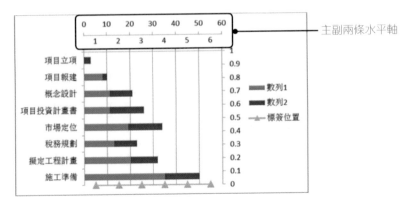

▲ 圖 41 甘特圖 -8

🔟6️⃣ 右鍵點擊副水平軸，選擇「座標軸格式」。

🔟7️⃣ 在彈出的「座標軸格式」對話方塊中，點擊「座標軸選項」，「座標軸位置」勾選「刻度上」。

🔟8️⃣ 點擊「關閉」。結果如「圖 42 甘特圖 -9」所示。

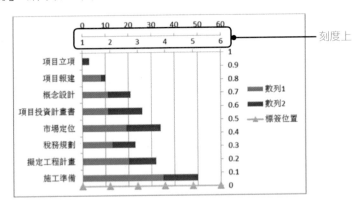

▲ 圖 42 甘特圖 -9

📖 完成檔案「CH6.2-02 甘特圖 - 繪製」之「05」工作表。

🔟9️⃣ 右鍵點擊主水平軸，選擇「座標軸格式」。

2️⃣0️⃣ 在彈出的「座標軸格式」對話方塊中，點擊「座標軸選項」，「最大值」選擇「固定」，並將「最大值」右側欄位中的「60.0」改寫為「50.0」。

㉑ 點擊「關閉」。

㉒ 主副水平軸的各刻度線,與「標籤位置」數列的各資料點,位於同一垂直線上。

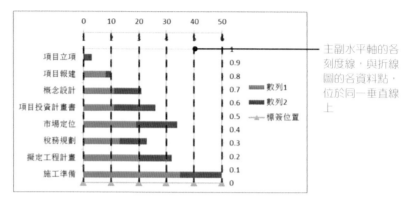

主副水平軸的各刻度線,與折線圖的各資料點,位於同一垂直線上

▲ 圖 43 甘特圖 -10

㉓ 選中「標籤位置」數列。

㉔ 點擊工作列「圖表工具→版面配置」按鍵,並點擊「資料標籤→下」。

㉕ 選中「標籤位置」數列的「資料標籤」。

㉖ 點擊工作列「增益集」按鍵,並點擊「更改數據標籤」。

㉗ 在彈出的「標籤的引用區域」對話方塊中,點選 K2~K7 儲存格。

㉘ 點擊「確定」。結果如「圖 44 甘特圖 -11」所示。

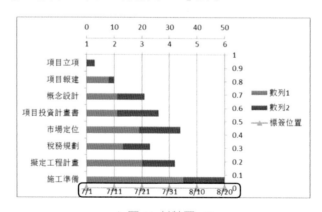

▲ 圖 44 甘特圖 -11

 完成檔案「CH6.2-02 甘特圖 - 繪製」之「06」工作表。

STEP 03 修改為「甘特圖」樣式。

❶ 右鍵點擊「數列 1」，選擇「資料數列格式」。

❷ 在彈出的「資料數列格式」對話方塊中，點擊「數列選項」，將「類別間距」中的「150%」改寫為「50%」。

❸ 點擊「填滿」，選擇「無填滿」。

❹ 選中「數列 2」。

❺ 點擊「填滿」，選擇「實心填滿」，「填滿色彩」為「黑色」。

❻ 點擊「關閉」。結果如「圖 45 甘特圖 -12」所示。

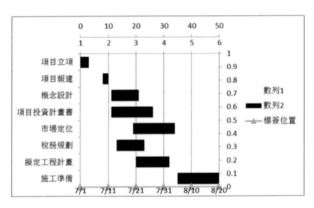

▲ 圖 45 甘特圖 -12

完成檔案「CH6.2-02 甘特圖 - 繪製」之「07」工作表。

❼ 選中主水平軸。

❽ 按下「Del」按鍵。

❾ 選中副水平軸。

❿ 按下「Del」按鍵。

⓫ 選中副垂直軸。

⓬ 按下「Del」按鍵。

⓭ 選中格線。

⓮ 按下「Del」按鍵。

⓯ 選中圖例。

⓰ 按下「Del」按鍵。

⓱ 右鍵點擊主垂直軸,選擇「座標軸格式」。

⓲ 在彈出的「座標軸格式」對話方塊中,點擊「座標軸選項」,「主要刻度」選擇「無」。

⓳ 選擇「標籤位置」數列。

⓴ 點擊「標籤選項」,「標籤類型」選擇「無」。

㉑ 點擊「線條色彩」,「線條色彩」選擇「無線條」。

㉒ 選擇「圖表區」。

㉓ 點擊「框線色彩」,選擇「無線條」。

㉔ 點擊「關閉」。結果如「圖 46 甘特圖 -13」所示。

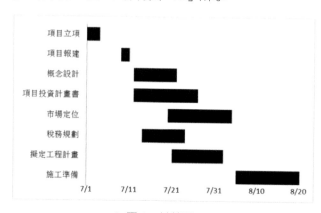

▲ 圖 46 甘特圖 -13

完成檔案「CH6.2-02 甘特圖 - 繪製」之「08」工作表。

25 選中圖表區。

26 點擊工作列「圖表工具→版面配置」按鍵,並點擊「格線→主垂直格線→主
要格線」。

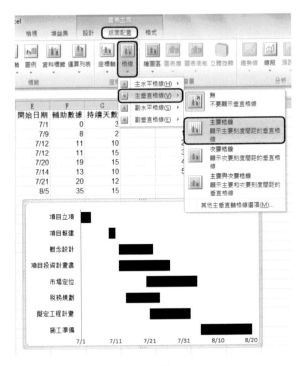

▲ 圖 47 甘特圖 -14

27 繪圖區新增垂直格線,垂直格線與系統預設的格線是一樣的。

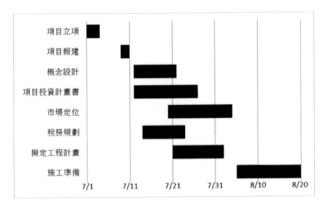

▲ 圖 48 甘特圖 -15

28 選中圖表區。

29 點擊工作列「圖表工具→版面配置」按鍵,並點擊「格線→主水平格線→主要格線」。

30 水平格線與垂直格線構成格線網絡。

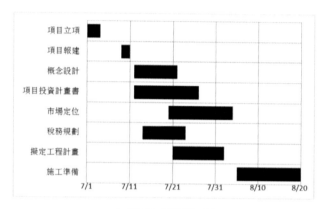

▲ 圖 49 甘特圖 -16

31 右鍵點擊水平格線,選擇「格線格式」。

32 選擇在彈出的「主要格線格式」對話方塊中,點擊「格線樣式」,「虛線類型」選擇第 4 項「虛線 1」。

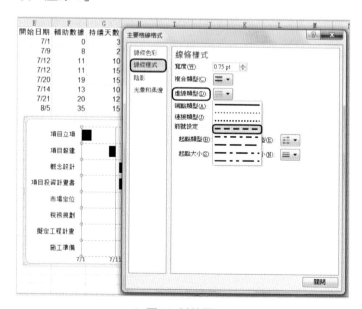

▲ 圖 50 甘特圖 -17

33 點擊「關閉」。結果如「圖 51 甘特圖 -18」所示。

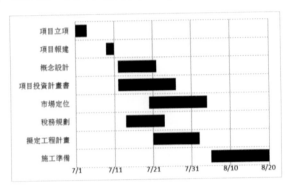

▲ 圖 51 甘特圖 -18

完成檔案「CH6.2-02 甘特圖 - 繪製」之「09」工作表。

STEP 04 細節處理。

1 依次選中各類文字，點擊工作列「常用」按鍵，並將中文「字型」修改為「黑體」，「英文」或「數字」字型修改為「Arial」。

2 選中繪圖區。

3 將繪圖區的下側邊界向上拖移。使得「標籤位置」數列的「資料標籤」與最下方的格線之間保持適當距離。

4 圖表繪製完成。用橫條圖表達的甘特圖清楚地表達了工作進度安排。

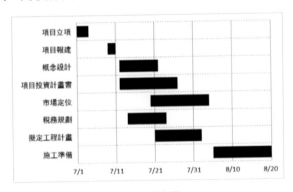

▲ 圖 52 甘特圖 -19

完成檔案「CH6.2-02 甘特圖 - 繪製」之「10」工作表。

手風琴圖

6.3

對於數列種類較多的橫條圖，若用普通的橫條圖繪製，產生的圖形篇幅很長。如果橫條圖用於表達各數列排名，各數列按照升冪或降冪排序，或許我們突出排名靠前和排名靠後的資料訊息即可，對於排名中間的資料訊息則可壓縮。

「圖 53 手風琴圖 -1」是班級 26 名學生（分別用 A~Z 作為代號）學期綜合評分的結果，按照評分由高到低排序。「圖 53 手風琴圖 -1」突出了評分前 5 名學生和評分後 5 名學生的綜合評分，而中間 16 名學生的綜合評分被「模糊化」。這種效果像手風琴一樣，因此稱為手風琴圖。

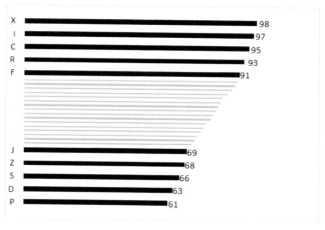

▲ 圖 53 手風琴圖 -1

下面將介紹具體操作步驟。

STEP 01 設定手風琴圖的資料來源。

手風琴圖的基本原理是，將兩組不同列數的資料繪製於同一個橫條圖中，其中列數較多的資料數列被自動壓縮，從而在同一張圖中實現兩種不同「類別間距」的橫條圖效果。

	A	B
1	學生	綜合評分
2	P	61
3	D	63
4	S	66
5	Z	68
6	J	69
7	W	71
8	B	72
9	T	73
10	K	75
11	O	76
12	E	77
13	G	79
14	H	80
15	A	81
16	M	82
17	Y	83
18	Q	84
19	V	86
20	L	88
21	U	89
22	N	90
23	F	91
24	R	93
25	C	95
26	I	97
27	X	98

▲ 圖 54 手風琴圖 -2

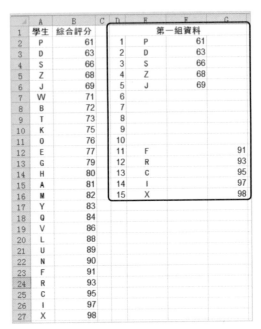

▲ 圖 55 手風琴圖 -3

❶ 打開檔案「CH6.3-01 手風琴圖 - 原始」之「原始」工作表。

❷ 選中 B1 儲存格。

❸ 點擊工作列「資料」按鍵,並點擊「從 A 到 Z 排序」。

❹ 綜合評分的資料按「從 A 到 Z 排序」。

❺ 合併 D1~G1 儲存格,並鍵入「第一組資料」。

❻ 在 D2~D16 儲存格中依次鍵入「1」~「15」。

❼ 將 A2~B6 儲存格複製到 E2~F6 儲存格,即綜合評分為後 5 名的學生代號和評分。

❽ 將 A12~A16 儲存格複製到 E12~E16 儲存格,即綜合評分為前 5 名的學生代號。

❾ 將 B12~B16 儲存格複製到 F12~F16 儲存格,即綜合評分為前 5 名的學生評分。

前 5 名和後 5 名的評分必須位於兩欄(E 欄和 F 欄),之後用於產生堆疊橫條圖。

🔟 前 5 名和後 5 名學生的評分為一組,且在前 5 名和後 5 名之間插入 5 個空白資料,以此在橫條圖的空間上形成「後 5 名:中間空白資料:前 5 名 =1:1:1」,共計 15 列資料。「中間空白資料」區域為中間 16 名學生的評分而設定。如「圖 56 手風琴圖 -3」所示。

🔟 合併 I1~K1 儲存格,並鍵入「第二組資料」。

🔟 在 I2~I47 儲存格中依次鍵入「1」~「46」。

🔟 將 A7~B22 儲存格複製到 J16~K31 儲存格,即綜合評分為中間 16 名的學生代號和評分。

🔟 中間 16 名學生的評分為一組,且在「中間 16 名」之前和之後分別插入 15 列空白資料,共計 46 列資料。

	A	B	C	D	E	F	G	H	I	J	K
1	學生	綜合評分			第一組資料					第二組資料	
2	P	61		1	P	61			1		
3	D	63		2	D	63			2		
4	S	66		3	S	66			3		
5	Z	68		4	Z	68			4		
6	J	69		5	J	69			5		
7	W	71		6					6		
8	B	72		7					7		
9	T	73		8					8		
10	K	75		9					9		
11	O	76		10					10		
12	E	77		11	F		91		11		
13	G	79		12	R		93		12		
14	H	80		13	C		95		13		
15	A	81		14	I		97		14		
16	M	82		15	X		98		15		
17	Y	83							16	W	71
18	Q	84							17	B	72
19	V	86							18	T	73
20	L	88							19	K	75
21	U	89							20	O	76
22	N	90							21	E	77
23	F	91							22	G	79
24	R	93							23	H	80
25	C	95							24	A	81
26	I	97							25	M	82
27	X	98							26	Y	83
28									27	Q	84

▲ 圖 56 手風琴圖 -4

🅴 完成檔案「CH6.3-02 手風琴圖 - 繪製」之「01」工作表。

STEP 02　建立堆疊橫條圖。

❶ 選中 E2~G16 儲存格。

❷ 點擊工作列「插入」按鍵,並點擊「橫條圖→堆疊橫條圖」。

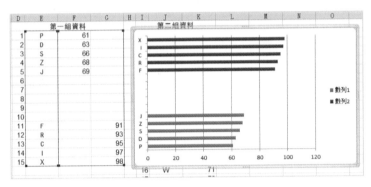

▲ 圖 57　手風琴圖 -5

🄴 完成檔案「CH6.3-02 手風琴圖 - 繪製」之「02」工作表。

❸ 右鍵點擊繪圖區,選擇「選取資料」。

❹ 在彈出的「選取資料來源」對話方塊中,點擊「新增」。

❺ 在彈出的「編輯數列」對話方塊中,刪除「數列值」下方欄位中的「={1}」。

❻ 點選 K2~K47 儲存格。

❼ 依次在兩個對話方塊中點擊「確定」。

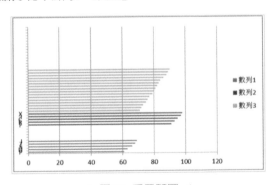

▲ 圖 58　手風琴圖 -6

🄴 完成檔案「CH6.3-02 手風琴圖 - 繪製」之「03」工作表。

8 右鍵點擊「數列3」，選擇「資料數列格式」。

9 在彈出的「資料數列格式」對話方塊中「數列資料繪製於」選擇「副座標軸」。

10 點擊「關閉」。結果如「圖59 手風琴圖-7」所示。

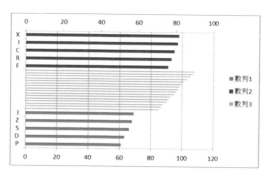

▲ 圖 59 手風琴圖 -7

 完成檔案「CH6.3-02 手風琴圖 - 繪製」之「04」工作表。

11 右鍵點擊主水平軸，選擇「座標軸格式」。

12 在彈出的「座標軸格式」對話方塊中，點擊「座標軸選項」，「最大值」選擇「固定」，並將右側欄位中的「120.0」改寫為「100.0」。

13 選中副水平軸。

14 在「座標軸格式」對話方塊中，點擊「座標軸選項」，「最大值」選擇「固定」。

15 點擊「關閉」。結果如「圖60 手風琴圖-8」所示。

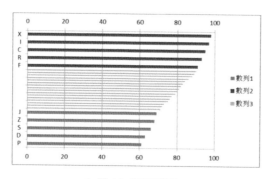

▲ 圖 60 手風琴圖 -8

 完成檔案「CH6.3-02 手風琴圖 - 繪製」之「05」工作表。

STEP 03 增加「前 5 名」和「後 5 名」的綜合評分。

1 選中「數列 2」。

2 點擊工作列「圖表工具→版面配置」按鍵,並點擊「資料標籤→終點內側」。

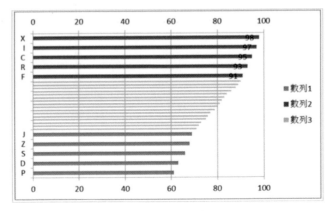

▲ 圖 61 手風琴圖 -9

📖 完成檔案「CH6.3-02 手風琴圖 - 繪製」之「06」工作表。

3 選中「數列 2」的「資料標籤」,再選中第 1 個「資料標籤」。

4 按住第 1 個「資料標籤」,並按住「Shift」按鍵,向右拖移,則「資料標籤」平行移動到橫條右外側。

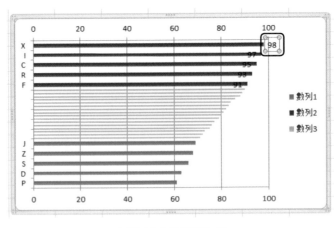

▲ 圖 62 手風琴圖 -10

5 對於「數列 2」的另外 4 個「資料標籤」，做相同的操作。

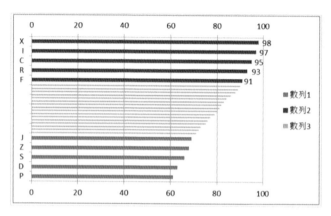

▲ 圖 63 手風琴圖 -11

 完成檔案「CH6.3-02 手風琴圖 - 繪製」之「07」工作表。

6 對於「數列 3」，用相同的方法增加「資料標籤」，並將「資料標籤」拖移到橫條右外側。

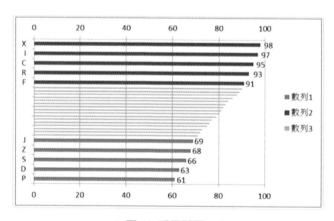

▲ 圖 64 手風琴圖 -12

 完成檔案「CH6.3-02 手風琴圖 - 繪製」之「08」工作表。

STEP 04　細節處理。

1 右鍵點擊垂直軸，選擇「座標軸格式」。

2 在彈出的「座標軸格式」對話方塊中，點擊「座標軸選項」，「主要刻度」選擇「無」。

3 點擊「線條色彩」，選擇「無線條」。

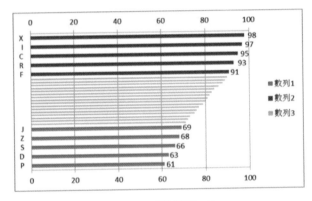

▲ 圖 65 手風琴圖 -13

4 選中「數列 1」。

5 在「資料數列格式」對話方塊中，點擊「填滿」，選擇「實心填滿」，「填滿色彩」設定為 RGB（1,15,2）。

6 選中「數列 2」。

7 在「資料數列格式」對話方塊中，點擊「填滿」，選擇「實心填滿」，「填滿色彩」設定為 RGB（108,2,2）。

8 選中「數列 3」。

9 在「資料數列格式」對話方塊中，點擊「填滿」，選擇「實心填滿」，「填滿色彩」選擇「灰色」（「色彩面板」中第 4 列的第 1 個）。

10 點擊「關閉」。

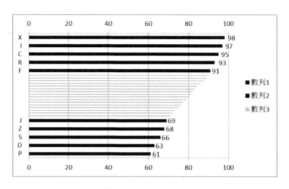

▲ 圖 66 手風琴圖 -14

完成檔案「CH6.3-02 手風琴圖 - 繪製」之「09」工作表。

11 選中格線。

12 點擊「Del」按鍵。

13 選中主水平軸。

14 點擊「Del」按鍵。

15 選中副水平軸。

16 點擊「Del」按鍵。

17 選中圖例。

18 點擊「Del」按鍵。

19 刪除圖例後，會導致橫條圖自動向右擴張，無法看清「資料標籤」。

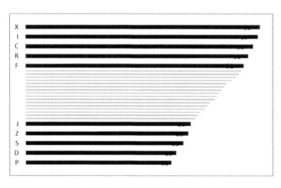

▲ 圖 67 手風琴圖 -15

⑳ 選中繪圖區。

㉑ 將繪圖區的右側邊界向左拖移，使得「資料標籤」可以清晰顯示。

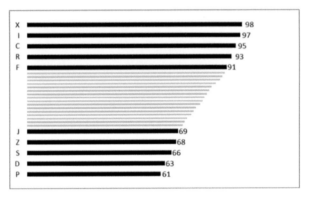

▲ 圖 68 手風琴圖 -16

㉒ 點擊圖表區。

㉓ 在「圖表區格式」對話方塊中，點擊「框線色彩」，選擇「無線條」。

㉔ 點擊「關閉」。

㉕ 圖表繪製完成。用手風琴形式的橫條圖突出資料重點，模糊非終點訊息。

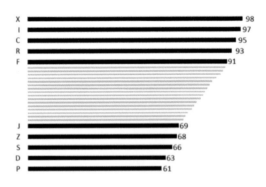

▲ 圖 69 手風琴圖 -17

E 完成檔案「CH6.3-02 手風琴圖 - 繪製」之「10」工作表。

技巧與實作

橫條圖的預設設定是,在資料表最下方的資料顯示在橫條圖的最上方。因此,繪製圖表時要特別注意橫條圖的上述特點,以免導致圖表繪製不合要求。

由於表格資料和圖形資料的排列順序有差異,在繪製圖表時要採取一定的「逆序」措施,使得圖表符合繪製要求。對於表格中的資料,「排序」和「逆序」措施主要有 3 種。

❶ 直接在資料表中將原始資料由小到大排列,或者由大到小排列。這種情況適用於原始資料排列無序,資料數列量少、簡單的情況。

❷ 對表格中的資料進行「從 A 到 Z 排序」或者「從 Z 到 A 排序」,適用於多數情況。事實上,第❷種情況是第❶種情況的延伸。

要特別注意,第❷種情況下,如果該資料表的資料要使用「資料標籤」,「資料標籤」必須隨資料同時「從 A 到 Z 排序」或者「從 Z 到 A 排序」,否則會造成資料標籤與資料不對應的情況。

例如,6.1 章節中的實例,對於表中的原始資料,先按照 2011 年銷售量「從 Z 到 A 排序」。

	A	B	C	D
1		2011	2012	2013
2	新生公園店	8950	9240	10780
3	大安森林公園店	12870	13550	14220
4	碧湖公園店	7450	7980	8540
5	中山美術公園店	8580	9050	10050
6	新北投公園店	10030	11270	12490
7	雙溪公園店	9830	10990	11950
8	南港公園店	6430	6880	7040
9	大湖公園店	7210	7740	7980
10	二二八紀念公園店	11920	12870	13760

對此「從 Z 到 A 排序」

▲ 圖 70 橫條圖的演變 -1

「從 Z 到 A 排序」的結果如「圖 71 橫條圖的演變 -2」所示。

	A	B	C	D
1		2011	2012	2013
2	大安森林公園店	12870	13550	14220
3	二二八紀念公園店	11920	12870	13760
4	新北投公園店	10030	11270	12490
5	雙溪公園店	9830	10990	11950
6	新生公園店	8950	9240	10780
7	中山美術公園店	8580	9050	10050
8	碧湖公園店	7450	7980	8540
9	大湖公園店	7210	7740	7980
10	南港公園店	6430	6880	7040

▲ 圖 71 橫條圖的演變 -2

在增加橫條圖資料後，產生橫條圖。

❸ 利用 EXCEL 預設的「逆序類別」功能。這種情況適用於無所謂原始資料是否按序（由大到小或由小到大）排列，或者原始資料已按序排列的，但繪製橫條圖時需將資料顛倒的情況。

例如，6.2 章節中的實例，原始資料按照工作的開始日期排序，繪製成橫條圖後，「最晚開始日期」的工作（施工準備）被放置在橫條圖的最上方。

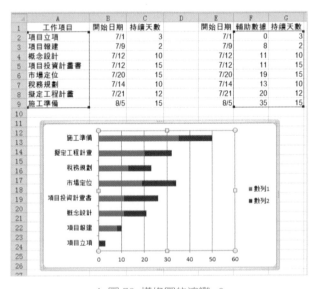

▲ 圖 72 橫條圖的演變 -3

此時，在「座標軸格式」的對話方塊中勾選「類別次序反轉」，則「最早開始日期」的工作被放置在橫條圖的最上方了，滿足圖表的繪製要求。

7

橫條圖的演變

7.1　橫向拆解圖表

7.2　縱向拆解圖表

7.3　表達不同內容數據的資料

7.4　技巧與實作

範例請於 http://goo.gl/82calC 下載

專業圖表中，我們常常看到一張大圖表由多張小圖表組成。這張大圖表並非由小圖表拼接面成，而是一張獨立、完整的圖表。

什麼時候需要用到組圖呢？

Note

1. 組圖的使用，例如折線圖表達凌亂時需要拆解，又如要表達多個不同內容數據的資料數列，等等。

2. 組圖的形成，可以透過橫向拆解圖表，也可以透過縱向拆解圖表的方式。

3. 橫向拆解圖表，可以將同一張大圖中的各個資料數列拆開，並橫向並行顯示於圖表中。適用於比較各個資料數列的垂直軸數據。

4. 縱向拆解圖表，可以將同一張大圖中的各個資料數列拆開，以縱向並行顯示於圖表中。適用於比較各個資料數列沿水平軸的變化。

5. 當需要比較不同資料數列的不同項目時，需要同時進行橫向和縱向的分解。

7.1 橫向拆解圖表

「圖 1 橫向拆解圖表 -1」是各店面每個月的商品銷量，放在一張折線圖上顯得很凌亂。如果把「圖 1 橫向拆解圖表 -1」拆分成 5 張小圖分別顯示，無法表現完整性，同時也無法作比較。

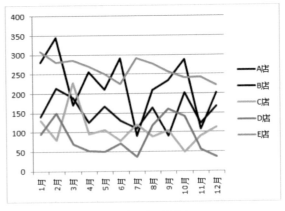

▲ 圖 1 橫向拆解圖表 -1

我們將把 5 條折線拆分顯示，但仍保留在同一張圖中，即如「圖 2 橫向拆解圖表 -2」效果。採用這種方式的優點是表達清晰，缺點是作比較時不如「圖 1 橫向拆解圖表 -1」一目了然。但如果只是要表現一年中各店面的銷量變化，「圖 2 橫向拆解圖表 -2」無非是很好的表達方式。

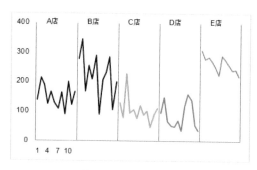

▲ 圖 2 橫向拆解圖表 -2

下面將介紹具體操作步驟。

STEP 01 拆解圖表。

1 打開檔案「CH7.1-01 橫向拆解圖表 - 原始」之「原始」工作表。

2 右鍵點擊 C2~C13 儲存格，選擇「剪下」。

▲ 圖 3 橫向拆解圖表 -3

3 右鍵點擊 C14 儲存格，選擇「貼上」。則 C2~C13 儲存格的資料搬移到 C14~C25 儲存格中。

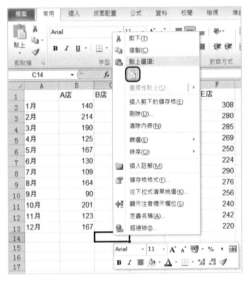

▲ 圖 4 橫向拆解圖表 -4

4 剪下 D2~D13 儲存格的資料，並貼至 D26~D37 儲存格中。

5 剪下 E2~E13 儲存格的資料，並貼至 E38~E49 儲存格中。

6 剪下 F2~F13 儲存格的資料，並貼至 F50~F61 儲存格中。

7 各店面的資料錯列排列，即同一列僅有一個店面的資料，B~F 欄的每一欄對應一個數列。而圖表沒有任何改變。

完成檔案「CH7.1-02 橫向拆解圖表 - 繪製」之「01」工作表。

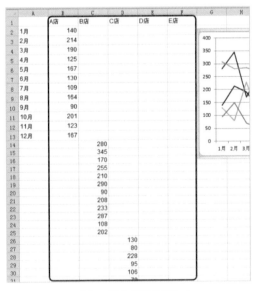

▲ 圖 5 橫向拆解圖表 -5

8 點擊 A 店的折線，則左側表格自動顯示出所選資料範圍。

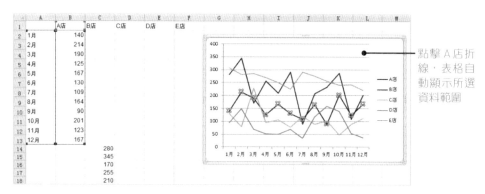

點擊 A 店折線，表格自動顯示所選資料範圍

▲ 圖 6 橫向拆解圖表 -6

9 點擊藍色框的右下角的藍色方塊，並下拉至 B61 儲存格。

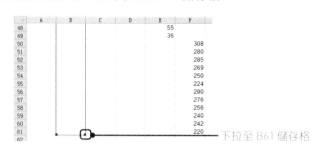

下拉至 B61 儲存格

▲ 圖 7 橫向拆解圖表 -7

10 由於 A 店的「選取資料來源」增加，圖表自動壓縮了。

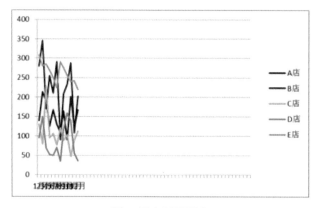

▲ 圖 8 橫向拆解圖表 -8

⓫ 用相同的方法將 B 店「選取資料來源」增加至 B2~B61 儲存格。

⓬ B 店圖形自動往右移動，這是因為 B 店資料的前 12 格儲存格為空白儲存格。

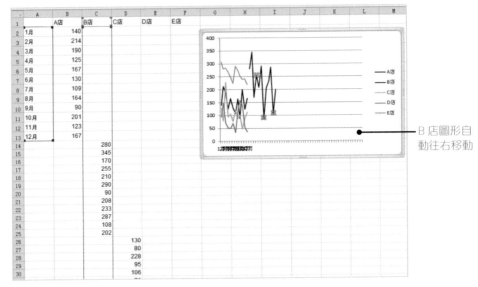

B 店圖形自動往右移動

▲ 圖 9 橫向拆解圖表 -9

完成檔案「CH7.1-02 橫向拆解圖表 - 繪製」之「02」工作表。

⓭ 對於 C、D、E 店，用相同的方法將「選取資料來源」增加至第 2~61 列。

⓮ 各店面「選取資料來源」增加後，如「圖 10 橫向拆解圖表 -10」所示。

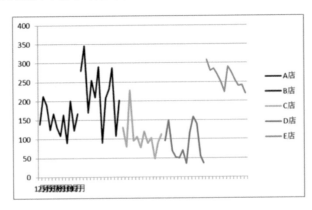

▲ 圖 10 橫向拆解圖表 -10

完成檔案「CH7.1-02 橫向拆解圖表 - 繪製」之「03」工作表。

STEP 02　設定水平軸標籤。

1 將 A2~A13 儲存個的資料依次改寫為「1」~「12」，即刪除「月」。

2 水平軸標籤由堆疊的「1 月 ~12 月」改為堆疊的「1~12」。

	A	B	C
1		A店	B店	C店
2	1	140	
3	2	214	
4	3	190	
5	4	125	
6	5	167	
7	6	130	
8	7	109	
9	8	164	
10	9	90	
11	10	201	
12	11	123	
13	12	167	
14			280
15			345
16			170

▲ 圖 11 橫向拆解圖表 -11

▲ 圖 12 橫向拆解圖表 -12

3 右鍵點擊水平軸座標，選擇「座標軸格式」。

4 在彈出的「座標軸格式」對話方塊中，點擊「座標軸選項」，「標籤與標籤之間的間距」選擇「指定間隔的刻度間距」，並將右側的欄位中的「1」改寫為「3」。

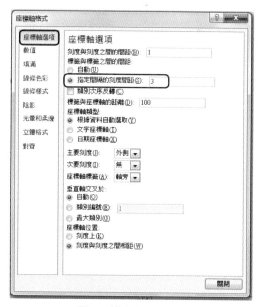

▲ 圖 13 橫向拆解圖表 -13

5 點擊「關閉」。

6 水平軸標籤顯示「1、4、7、10」共 4 個數字。

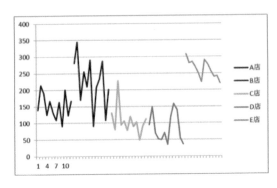

▲ 圖 14 橫向拆解圖表 -14

完成檔案「CH7.1-02 橫向拆解圖表 - 繪製」之「04」工作表。

水平軸標籤如此修改的原因是，如果此處僅顯示「1、4、7、10」，我們也能明白無誤地理解為「1~12 月」。同時，由於 5 張小圖的水平軸標籤均是表達「1~12 月」，因此，大圖中只要出現一次水平軸標籤即可。

STEP 03 修改格線。

1 選中圖表區。

2 點擊工作列「圖表工具→版面配置」按鍵，並點擊「格線→主垂直格線→主要格線」。

3 由於水平軸刻度線以「1」為間隔，垂直格線密密麻麻地分佈於圖表中。

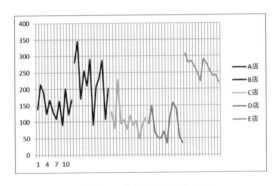

▲ 圖 15 橫向拆解圖表 -15

E 完成檔案「CH7.1-02 橫向拆解圖表 - 繪製」之「05」工作表。

4 右鍵點擊水平軸,選擇「座標軸格式」。

5 在彈出的「座標軸格式」對話方塊中,點擊「座標軸選項」,將「刻度與刻度之間的間距」右側欄位中的「1」改寫為「12」。

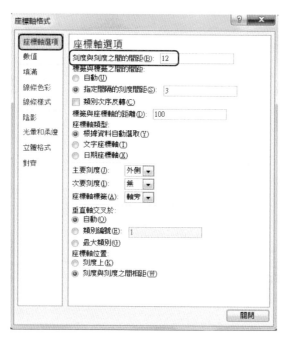

▲ 圖 16 橫向拆解圖表 -16

6 點擊「關閉」。

7 垂直格線的設定對各小圖表作出區隔。

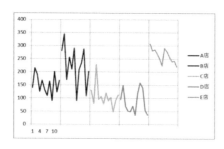

▲ 圖 17 橫向拆解圖表 -17

E 完成檔案「CH7.1-02 橫向拆解圖表 - 繪製」之「06」工作表。

8 選中水平格線。

9 按下「Del」按鍵。

10 水平格線消失了。

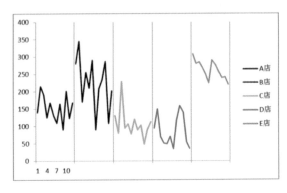

▲ 圖 18 橫向拆解圖表 -18

11 右鍵點擊水平軸,選擇「座標軸格式」。

12 在彈出的「座標軸格式」對話方塊中,點擊「座標軸選項」,「主要刻度」選擇「無」。

13 選中垂直軸。

14 在「座標軸格式」對話方塊中,點擊「座標軸選項」,「主要刻度」選擇「無」。

15 點擊「關閉」。結果如「圖 19 橫向拆解圖表 -19」所示。

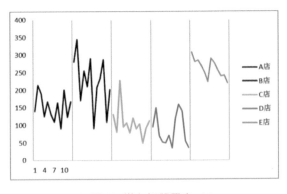

▲ 圖 19 橫向拆解圖表 -19

E 完成檔案「CH7.1-02 橫向拆解圖表 - 繪製」之「07」工作表。

| STEP 04 | 修改圖例。 |

1 選中圖例。

2 按下「Del」按鍵。

3 在 G1 儲存格中鍵入「輔助數據」。

4 在 G6 儲存格中鍵入「400」。

5 在 G6~G54 儲存格之間，每隔 12 個儲存格鍵入「400」。如「圖 7.1-20 橫向拆解圖表 -20」所示。

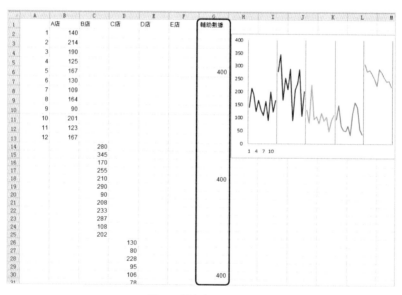

▲ 圖 20 橫向拆解圖表 -20

6 右鍵點擊繪圖區，選擇「選取資料」。

7 在彈出的「選取資料來源」對話方塊中，點擊「新增」。

8 在彈出的「編輯數列」對話方塊中，在「數列名稱」下方的空白欄中鍵入「輔助數據」。

9 刪除「數列值」下方欄位中的「{1}」。

10 點選 G2~G61 儲存格。

⓫ 依次在兩個對話方塊中點擊「確定」。結果如「圖 21 橫向拆解圖表 -21」所示。

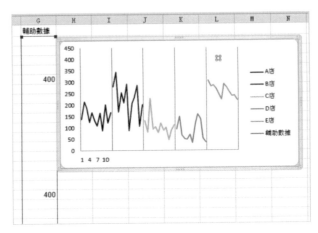

▲ 圖 21 橫向拆解圖表 -21

E 完成檔案「CH7.1-02 橫向拆解圖表 - 繪製」之「08」工作表。

⓬ 選中「輔助數據」數列。

由於「輔助數據」數列的圖形暫不可視,需點擊工作列「圖表工具→版面配置」按鍵,並在左上角的下拉選單中選擇「輔助數據」。

⓭ 右鍵點擊「輔助數據」數列,選擇「更改數列圖表類型」。

⓮ 在彈出的「更改圖表類型」對話方塊中,選擇「含有資料標記的折線圖」。

⓯ 可以清晰看到「輔助數據」的資料點。

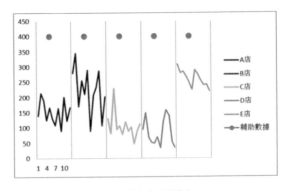

▲ 圖 22 橫向拆解圖表 -22

E 完成檔案「CH7.1-02 橫向拆解圖表 - 繪製」之「09」工作表。

⑯ 選中「輔助數據」數列。

⑰ 點擊工作列「圖表工具→版面配置」按鍵,並點擊「資料標籤→上」。

⑱「資料標籤」如「圖 23 橫向拆解圖表 -23」所示。

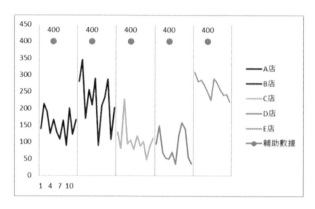

▲ 圖 23 橫向拆解圖表 -23

完成檔案「CH7.1-02 橫向拆解圖表 - 繪製」之「10」工作表。

⑲ 在 H 欄中,對於 G 欄設定有「400」數值的儲存格,即 H6、H18、H30、H42、H54 儲存格中依次鍵入「A 店」~「E 店」。

⑳ 選中所增加的「資料標籤」。

㉑ 點擊工作列「增益集」按鍵,並點擊「更改數據標籤」。

㉒ 在彈出的「標籤的引用區域」對話方塊中,點選 H2~H61 儲存格。

㉓ 點擊「確定」。

㉔ 右鍵點擊垂直軸,選擇「座標軸格式」。

㉕ 在彈出的「座標軸格式」對話方塊中,點擊「座標軸選項」「最大值」選擇「固定」,並將右側欄位中的「450.0」改寫為「400.0」。

㉖ 點擊「關閉」。結果如「圖 24 橫向拆解圖表 -24」所示。

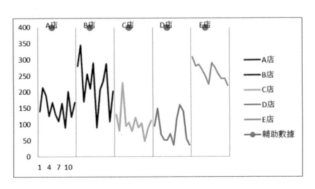

▲ 圖 24 橫向拆解圖表 -24

完成檔案「CH7.1-02 橫向拆解圖表 - 繪製」之「11」工作表。

STEP 05 細節處理。

❶ 右鍵點擊「輔助數據」數列,選擇「資料數列格式」。

❷ 在彈出「資料數列格式」對話方塊中,點擊「標記選項」,「標記類型」選擇「無」。

❸ 點擊「線條色彩」,選擇「無線條」。

❹ 點擊「關閉」。

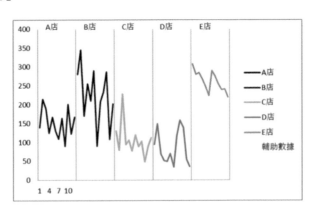

▲ 圖 25 橫向拆解圖表 -25

完成檔案「CH7.1-02 橫向拆解圖表 - 繪製」之「12」工作表。

5 點擊圖表區。

6 在「圖表區格式」對話方塊中，點擊「框線色彩」，選擇「無線條」。

7 點擊「關閉」。

8 選中圖例。

9 按下「Del」按鍵。

10 依次選中各類文字，點擊工作列「常用」按鍵，並將中文「字型」修改為「黑體」，「英文」或「數字」字型修改為「Arial」。

11 圖表繪製完成。5 張小圖表呈現在 1 張完整的大圖表中，共用垂直軸。

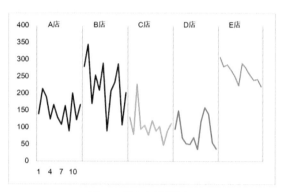

▲ 圖 26 橫向拆解圖表 -26

完成檔案「CH7.1-02 橫向拆解圖表 - 繪製」之「13」工作表。

7.2 縱向拆解圖表

以上採用了橫向拆分的方式將 1 張大圖表拆分成 5 張小圖表，當然，我們也可以採用縱向拆分的方法。如「圖 27 縱向拆解圖表 -1」所示。

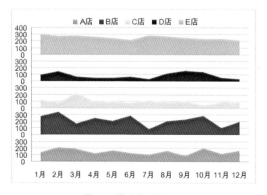

▲ 圖 27 縱向拆解圖表 -1

下面將介紹具體操作步驟。

STEP 01　拆解圖表。

❶ 打開檔案「CH7.2-01 縱向拆解圖表 - 原始」之「原始」工作表。

❷ 在 C 欄之前插入空白欄。

❸ 在 C1 儲存格中鍵入「輔助 A」。

❹ 在 C2 儲存格中鍵入「=400-B2」。

❺ 將 C2 儲存格的公式複製到 C3~C13 儲存格中。

❻ 用同樣的方法依次建立 E 欄「輔助 B」、G 欄「輔助 C」、I 欄「輔助 D」、K 欄「輔助 E」，各欄儲存格中的資料為「400」減去前一欄同列資料的值。

這樣做的目的是，要利用堆疊區域圖創造每一個完整、獨立的小圖表空間。

	A	B	C	D	E	F	G	H	I	J	K
1		A店	輔助A	B店	輔助B	C店	輔助C	D店	輔助D	E店	輔助E
2	1月	140	260	280	120	130	270	95	305	308	92
3	2月	214	186	345	55	80	320	149	251	280	120
4	3月	190	210	170	230	228	172	69	331	285	115
5	4月	125	275	255	145	95	305	52	348	269	131
6	5月	167	233	210	190	106	294	50	350	250	150
7	6月	130	270	290	110	78	322	70	330	224	176
8	7月	109	291	90	310	120	280	35	365	290	110
9	8月	164	236	208	192	89	311	118	282	276	124
10	9月	90	310	233	167	103	297	159	241	256	144
11	10月	201	199	287	113	48	352	140	260	240	160
12	11月	123	277	108	292	90	310	55	345	242	158
13	12月	167	233	202	198	112	288	36	364	220	180

C2 = =400-B2

▲ 圖 28 縱向拆解圖表 -2

完成檔案「CH7.2-02 縱向拆解圖表 - 繪製」之「01」工作表。

7 右鍵點擊「A 店」數列，選擇「更改數列圖表類型」。

8 在彈出的「更改圖表類型」對話方塊中，選擇「堆疊區域圖」。

9 點擊「確定」。

10 對於「B 店」、「C 店」、「D 店」、「E 店」數列，做相同的操作。

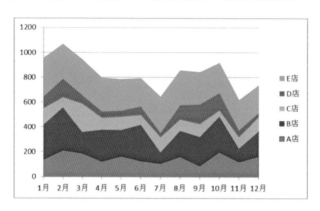

▲ 圖 29 縱向拆解圖表 -3

完成檔案「CH7.2-02 縱向拆解圖表 - 繪製」之「02」工作表。

11 右鍵點擊繪圖區，選擇「選取資料」。

12 在彈出的「選取資料來源」對話方塊中，點擊「新增」。

13 在彈出的「編輯數列」對話方塊中，在「數列名稱」下方的空白欄中鍵入「輔助 A」。

14 刪除「數列值」下方欄位中的「{1}」。

15 點選 C2~C13 儲存格。

16 點擊「確定」。

17 新增「輔助 A」數列的區域圖後，該圖形自動位於「圖例項目（數列）」的最末位。

新增數列位於最末位　　▲ 圖 30 縱向拆解圖表 -4

18 選中「輔助 A」。

19 點擊「向上」箭頭,將「輔助 A」上移到「A 店」和「B 店」之間。

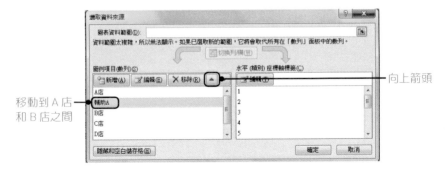

▲ 圖 31 縱向拆解圖表 -5

20 「A 店」和「輔助 A」堆疊區域圖的上邊緣為水平線。結果如「圖 32 縱向拆解圖表 -6」所示。

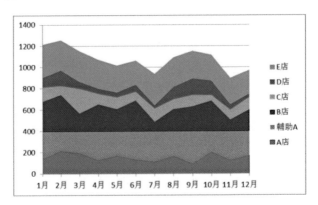

▲ 圖 32 縱向拆解圖表 -6

完成檔案「CH7.2-02 縱向拆解圖表 - 繪製」之「03」工作表。

21 用相同的方法新增「輔助 B」、「輔助 C」、「輔助 D」、「輔助 E」數列,「圖例項目(數列)」中按照「A 店」、「輔助 A」、「B 店」、「輔助 B」、「C 店」、「輔助 C」……的順序排列。

22 點擊「確定」。

23 10 個數列的堆疊區域圖構成 5 組獨立矩形。結果如「圖 33 縱向拆解圖表 -7」所示。

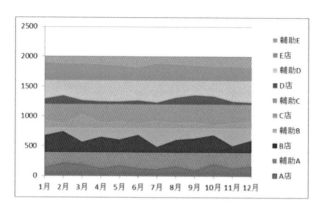

▲ 圖 33 縱向拆解圖表 -7

 完成檔案「CH7.2-02 縱向拆解圖表 - 繪製」之「04」工作表。

24 右鍵點擊「輔助 A」數列,選擇「資料數列格式」。

25 在彈出的「資料數列格式」對話方塊中,點擊「填滿」,選擇「無填滿」。

26 依次選中「輔助 B」數列、「輔助 C」數列、「輔助 D」數列、「輔助 E」數列,在「資料數列格式」對話方塊中,點擊「填滿」,選擇「無填滿」。

27 點擊「關閉」。結果如「圖 34 縱向拆解圖表 -8」所示。

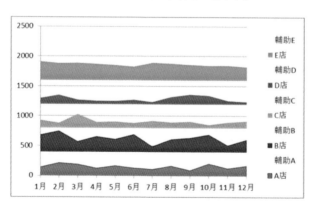

▲ 圖 34 縱向拆解圖表 -8

完成檔案「CH7.2-02 縱向拆解圖表 - 繪製」之「05」工作表。

28 右鍵點擊「A 店」數列，選擇「資料數列格式」。

29 在彈出的「資料數列格式」對話方塊中，點擊「填滿」，選擇「實心填滿」，「填滿色彩」設定為 RGB（146,160,254）。

30 點擊「框線色彩」，選擇「無線條」。

31 依次選中「B 店」數列、「C 店」數列、「D 店」數列、「E 店」數列，在「資料數列格式」對話方塊中，點擊「填滿」，選擇「實心填滿」，「填滿色彩」依次設定為 RGB（15,70,203）、RGB（15,70,203）、RGB（200,220,250）、RGB（2,23,95）、RGB（191,191,191）。

32 依次選中「B 店」數列、「C 店」數列、「D 店」數列、「E 店」數列，點擊「框線色彩」，選擇「無線條」。

33 點擊「關閉」。結果如「圖 35 縱向拆解圖表 -9」所示。

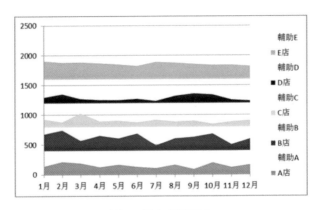

▲ 圖 35 縱向拆解圖表 -9

[E] 完成檔案「CH7.2-02 縱向拆解圖表 - 繪製」之「06」工作表。

STEP 02 設定垂直軸標籤。

1 右鍵點擊垂直軸，選擇「座標軸格式」。

2 在彈出的「座標軸格式」對話方塊中，點擊「座標軸選項」「最小值」選擇「固定」。

3 「最大值」選擇「固定」，並將右側欄位中的「2500.0」改寫為「2000.0」。

4 「主要刻度」選擇「無」。

5 「座標軸標籤」選擇「無」。

6 點擊「關閉」。結果如「圖 37 縱向拆解圖表 -11」所示。

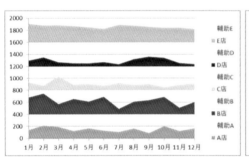

▲ 圖 36 縱向拆解圖表 -10

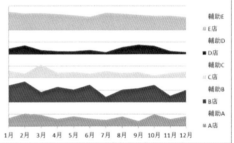

▲ 圖 37 縱向拆解圖表 -11

完成檔案「CH7.2-02 縱向拆解圖表 - 繪製」之「07」工作表。

7 在 M1 儲存格中鍵入「X」。

8 在 N1 儲存格中鍵入「Y」。

9 在 O1 儲存格中鍵入「標籤值」。

10 在 M2~O22 儲存格中鍵入「座標值」和「標籤值」。如「圖 7.2-12 縱向拆解圖表 -12」所示。

X	Y	標籤值
0.5	0	0
0.5	100	100
0.5	200	200
0.5	300	300
0.5	400	0
0.5	500	100
0.5	600	200
0.5	700	300
0.5	800	0
0.5	900	100
0.5	1000	200
0.5	1100	300
0.5	1200	0
0.5	1300	100
0.5	1400	200
0.5	1500	300
0.5	1600	0
0.5	1700	100
0.5	1800	200
0.5	1900	300
0.5	2000	400

▲ 圖 38 縱向拆解圖表 -12

⓫ 右鍵點擊繪圖區，選擇「選取資料」。

⓬ 在彈出的「選取資料來源」對話方塊中，點擊「新增」。

⓭ 在彈出的「編輯數列」對話方塊中，在「數列名稱」下方的空白欄中鍵入「輔助數據」。

⓮ 刪除「數列值」下方欄位中的「{1}」。

⓯ 點選 N2~N22 儲存格。

⓰ 依次在兩個對話方塊中點擊「確定」。結果如「圖 39 縱向拆解圖表 -13」所示。

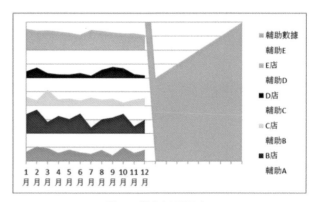

▲ 圖 39 縱向拆解圖表 -13

📖 完成檔案「CH7.2-02 縱向拆解圖表 - 繪製」之「08」工作表。

⓱ 右鍵點擊「輔助數據」數列，選擇「更改數列圖表格式」。

⓲ 在彈出的「更改圖表格式」對話方塊中，選擇 XY 散佈圖。

⓳ 點擊「確定」。結果如「圖 40 縱向拆解圖表 -14」所示。

📖 完成檔案「CH7.2-02 縱向拆解圖表 - 繪製」之「09」工作表。

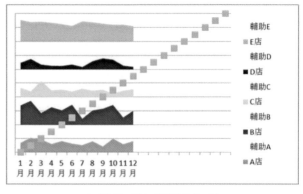

▲ 圖 40 縱向拆解圖表 -14

⓴ 右鍵點擊繪圖區,選擇「選取資料」。

㉑ 在彈出的「選取資料來源」對話方塊中,選中「輔助數據」,點擊「編輯」。

㉒ 在彈出的「編輯數列」對話方塊中,點擊「數列 X 值」下方的空白欄,點選 M2~M22 儲存格。

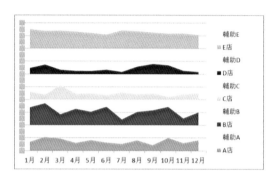
▲ 圖 41 縱向拆解圖表 -15

㉓ 依次在兩個對話方塊中點擊「確定」。結果如「圖 41 縱向拆解圖表 -15」所示。

完成檔案「CH7.2-02 縱向拆解圖表 - 繪製」之「10」工作表。

㉔ 選中「輔助數據」數列。

㉕ 點擊工作列「圖表工具→版面配置」按鍵,並點擊「資料標籤→置中」。

㉖ 點擊所增加的「資料標籤」。

㉗ 點擊工作列「增益集」按鍵,並點擊「更改數據標籤」。

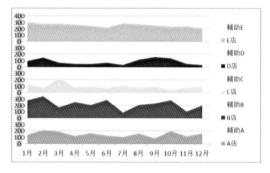
▲ 圖 42 縱向拆解圖表 -16

㉘ 在彈出的「標籤的引用區域」對話方塊中,點選 O2~O22 儲存格。

㉙ 點擊「確定」。結果如「圖 42 縱向拆解圖表 -16」所示。

完成檔案「CH7.2-02 縱向拆解圖表 - 繪製」之「11」工作表。

㉚ 點擊圖例。

㉛ 按下「Del」按鍵。

㉜ 選中繪圖區。

㉝ 將繪圖區的左側邊界向右拖移,使得「資料標籤」可以清晰顯示。

完成檔案「CH7.2-02 縱向拆解圖表 - 繪製」之「12」工作表。

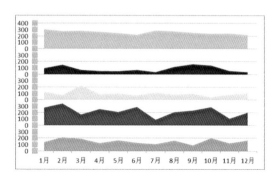
▲ 圖 43 縱向拆解圖表 -17

34 右鍵點擊「輔助數據」數列，選擇「資料數列格式」。

35 在彈出的「資料數列格式」對話方塊中，點擊「標記選項」，「標記類型」選擇「無」。

36 點擊「關閉」。結果如「圖 44 縱向拆解圖表 -18」所示。

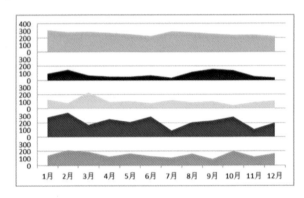

▲ 圖 44 縱向拆解圖表 -18

E 完成檔案「CH7.2-02 縱向拆解圖表 - 繪製」之「13」工作表。

STEP 03 修改格線。

1 右鍵點擊垂直軸，選擇「座標軸格式」。

2 在彈出的「座標軸格式」對話方塊中，點擊「座標軸選項」，「主要刻度間距」選擇「固定」，並將右側欄位中的「200」改寫為「400」。「次要刻度間距」選擇「固定」，並將右側欄位中的「40」改寫為「100」。

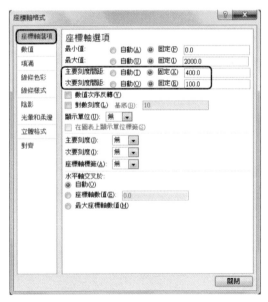

▲ 圖 45 縱向拆解圖表 -19

3 點擊「關閉」。

4 點擊工作列「圖表工具→版面配置」按鍵，並點擊「格線→主水平格線→次要格線」。

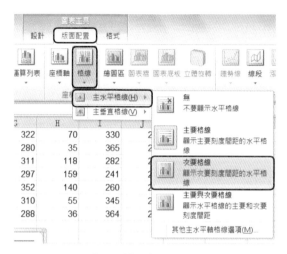

▲ 圖 46 縱向拆解圖表 -20

5「主要格線」區隔 5 張小圖表，「次要格線」作為每張小圖表的格線，如「圖 47 縱向拆解圖表 -21」所示。

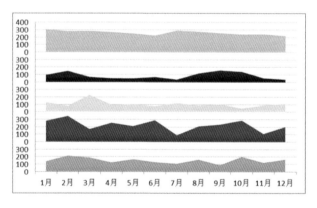

▲ 圖 47 縱向拆解圖表 -21

E 完成檔案「CH7.2-02 縱向拆解圖表 - 繪製」之「14」工作表。

STEP 04 細節處理。

1 選中圖表區。

2 點擊工作列「圖表工具→版面配置」按鍵,並點擊「圖例→在上方顯示圖例」。

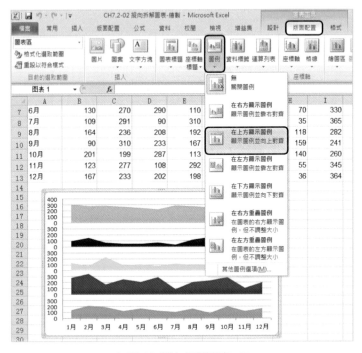

▲ 圖 48 縱向拆解圖表 -22

3 圖例顯示於圖表區上方。

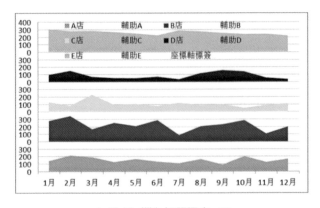

▲ 圖 49 縱向拆解圖表 -23

4 選中圖例，並再次點擊「輔助 A」數列的圖例。

5 按下「Del」按鍵。

6 用同樣的方法刪除「輔助 B~E」、「座標軸標籤」的圖例。

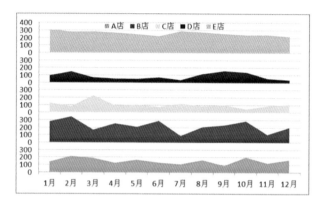

▲ 圖 50 縱向拆解圖表 -24

7 選中繪圖區。

8 將繪圖區的上側邊界向下拖移，圖例和繪圖區分開。

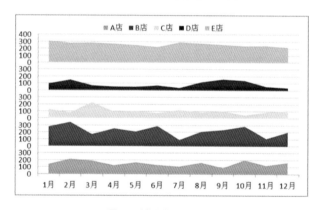

▲ 圖 51 縱向拆解圖表 -25

E 完成檔案「CH7.2-02 縱向拆解圖表 - 繪製」之「15」工作表。

9 右鍵點擊水平軸,選擇「座標軸格式」。

10 在彈出的「座標軸格式」對話方塊中,點擊「座標軸選項」,「主要刻度」選擇「無」。

11 點擊「關閉」。

12 依次選中各類文字,點擊工作列「常用」按鍵,並將中文「字型」修改為「黑體」,「英文」或「數字」字型修改為「Arial」。

13 點擊圖表區。

14 在「圖表區格式」對話方塊中,點擊「框線色彩」,選擇「無線條」。

15 點擊「關閉」。

16 圖表繪製完成。5 張小圖表呈現在 1 張完整的大圖表中,共用水平軸。

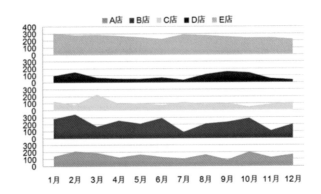

▲ 圖 52 縱向拆解圖表 -26

完成檔案「CH7.2-02 縱向拆解圖表 - 繪製」之「16」工作表。

7.3 表達不同內容數據的資料

處理資料時,我們可能需要將內容數據不同的資料數列表達在同一張圖表中,此時可以利用主副垂直軸分別顯示不同內容數據的資料。但遇到多類資料時,這種方法卻又力不從心。「圖 53 表達不同內容數據的資料 -1」表現了各店面各季度的來店人數、人均消費、消費總額資料,對於如此龐大的資料量,我們可以對資料標準化後利用組圖的方式實現。

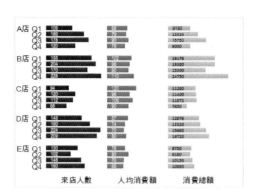

▲ 圖 53 表達不同內容數據的資料 -1

下面將介紹具體操作步驟。

STEP 01 調整資料內容數據。

1 打開檔案「CH7.3-01 表達不同內容數據的資料 - 原始」之「原始」工作表。

2 原始資料按照「A 店→ E 店」、「Q1 → Q4」順序排列。

	A	B	來店人數	人均消費額	消費總額
1			來店人數	人均消費額	消費總額
2	A店	Q1	108	85	9180
3		Q2	156	79	12324
4		Q3	175	90	15750
5		Q4	120	75	9000
6	B店	Q1	188	102	19176
7		Q2	204	95	19380
8		Q3	170	90	15300
9		Q4	225	110	24750
10	C店	Q1	94	120	11280
11		Q2	120	95	11400
12		Q3	112	106	11872
13		Q4	85	90	7650
14	D店	Q1	148	87	12876
15		Q2	180	74	13320
16		Q3	224	70	15680
17		Q4	209	80	16720
18	E店	Q1	130	75	9750
19		Q2	102	90	9180
20		Q3	145	70	10150
21		Q4	160	68	10880

▲ 圖 54 表達不同內容數據的資料 -2

橫條圖的圖形顯示，預設把表格中的最後一列資料顯示在從上至下的第一個
條形中。雖然我們可以在「座標軸格式」中選擇「類別次序反轉」，使得橫條
圖的排列順序與表格的先後陳列順序看起來一致，但由於本例中涉及 A~E 店
的順序以及 Q1~Q4 的順序，所以，我們在設計表格時仍需要適當規劃。

❸ 調整資料顯示次序，使得資料按照「E 店 → A 店」的順序排列店面，而每個店面再按照「Q4 → Q1」的順序排列季度。如「圖 55 表達不同內容數據的資料 -3」所示。

	A	B	C 來店人數	D 人均消費額	E 消費總額
2	E店	Q4	160	68	10880
3		Q3	145	70	10150
4		Q2	102	90	9180
5		Q1	130	75	9750
6	D店	Q4	209	80	16720
7		Q3	224	70	15680
8		Q2	180	74	13320
9		Q1	148	87	12876
10	C店	Q4	85	90	7650
11		Q3	112	106	11872
12		Q2	120	95	11400
13		Q1	94	120	11280
14	B店	Q4	225	110	24750
15		Q3	170	90	15300
16		Q2	204	95	19380
17		Q1	188	102	19176
18	A店	Q4	120	75	9000
19		Q3	175	90	15750
20		Q2	156	79	12324
21		Q1	108	85	9180

▲ 圖 55 表達不同內容數據的資料 -3

完成檔案「CH7.3-02 表達不同內容數據的資料 - 繪製」之「01」工作表。

❹ 在各店面全年資料之後各插入一列空白列。

❺ 在「來店人數」、「人均消費額」、「消費總額」之後各插入一欄空白欄。

	A	B	C 來店人數	D	E 人均消費額	F	G 消費總額
2	E店	Q4	160		68		10880
3		Q3	145		70		10150
4		Q2	102		90		9180
5		Q1	130		75		9750
6							
7	D店	Q4	209		80		16720
8		Q3	224		70		15680
9		Q2	180		74		13320
10		Q1	148		87		12876
11							
12	C店	Q4	85		90		7650
13		Q3	112		106		11872
14		Q2	120		95		11400
15		Q1	94		120		11280
16							
17	B店	Q4	225		110		24750
18		Q3	170		90		15300
19		Q2	204		95		19380
20		Q1	188		102		19176
21							
22	A店	Q4	120		75		9000
23		Q3	175		90		15750
24		Q2	156		79		12324
25		Q1	108		85		9180
26							

▲ 圖 56 表達不同內容數據的資料 -4

6 在 D2 儲存格中鍵入「=250-C2」。

7 將 D2 儲存格的資料複製到 D3~D5、D7~D10、D12~D15、D17~D20、D22~D25 儲存格中。

8 在 F2 儲存格中鍵入「=250-E2」。

9 將 F2 儲存格的資料複製到 F3~F5、F7~F10、F12~F15、F17~F20、F22~F25 儲存格中。

這樣做是為了能夠利用堆疊直條圖創造完整、獨立的小圖表空間。

	A	B	C	D	E	F	G
1			來店人數		人均消費額		消費總額
2	E店	Q4	160	90	68	182	10880
3		Q3	145	105	70	180	10150
4		Q2	102	148	90	160	9180
5		Q1	130	120	75	175	9750
6							
7	D店	Q4	209	41	80	170	16720
8		Q3	224	26	70	180	15680
9		Q2	180	70	74	176	13320
10		Q1	148	102	87	163	12876
11							
12	C店	Q4	85	165	90	160	7650
13		Q3	112	138	106	144	11872
14		Q2	120	130	95	155	11400
15		Q1	94	156	120	130	11280
16							
17	B店	Q4	225	25	110	140	24750
18		Q3	170	80	90	160	15300
19		Q2	204	46	95	155	19380
20		Q1	188	62	102	148	19176
21							
22	A店	Q4	120	130	75	175	9000
23		Q3	175	75	90	160	15750
24		Q2	156	94	79	171	12324
25		Q1	108	142	85	165	9180
26							

▲ 圖 57 表達不同內容數據的資料 -5

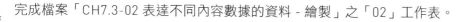

完成檔案「CH7.3-02 表達不同內容數據的資料 - 繪製」之「02」工作表。

10 在 H2 儲存格中鍵入「=25000-G2」。

11 將 H2 儲存格的資料複製到 H3~H5、H7~H10、H12~H15、H17~H20、H22~H25 儲存格中。

取用「25000」是為了在資料標準化之後，G 欄、H 欄組成的堆疊直條圖的表現形式與 C 欄、D 欄，以及 E 欄、F 欄組成的堆疊直條圖一致。

▲	A	B	C	D	E	F	G	H
1			來店人數		人均消費額		消費總額	
2	E店	Q4	160	90	68	182	10880	14120
3		Q3	145	105	70	180	10150	14850
4		Q2	102	148	90	160	9180	15820
5		Q1	130	120	75	175	9750	15250
6								
7	D店	Q4	209	41	80	170	16720	8280
8		Q3	224	26	70	180	15680	9320
9		Q2	180	70	74	176	13320	11680
10		Q1	148	102	87	163	12876	12124
11								
12	C店	Q4	85	165	90	160	7650	17350
13		Q3	112	138	106	144	11872	13128
14		Q2	120	130	95	155	11400	13600
15		Q1	94	156	120	130	11280	13720
16								
17	B店	Q4	225	25	110	140	24750	250
18		Q3	170	80	90	160	15300	9700
19		Q2	204	46	95	155	19380	5620
20		Q1	188	62	102	148	19176	5824
21								
22	A店	Q4	120	130	75	175	9000	16000
23		Q3	175	75	90	160	15750	9250
24		Q2	156	94	79	171	12324	12676
25		Q1	108	142	85	165	9180	15820
26								

▲ 圖 58 表達不同內容數據的資料 -6

⓬ 在 G 欄之前插入兩欄空白欄。

⓭ 在 G2 儲存格中鍵入「=INT(I2/100)」。

⓮ 在 H2 儲存格中鍵入「=INT(J2/100)」。

表示對「消費總額」的資料進行標準化，標準化後的資料以整數形式顯示。

⓯ 將 G2 和 H2 儲存格的資料複製到 G3~H5、G7~H10、G12~H15、G17~H20、G22~H25 儲存格中。

▲	A	B	C	D	E	F	G	H	I	J
1			來店人數		人均消費額		消費總額標準化		消費總額	
2	E店	Q4	160	90	68	182	108	141	10880	14120
3		Q3	145	105	70	180	101	148	10150	14850
4		Q2	102	148	90	160	91	158	9180	15820
5		Q1	130	120	75	175	97	152	9750	15250
6										
7	D店	Q4	209	41	80	170	167	82	16720	8280
8		Q3	224	26	70	180	156	93	15680	9320
9		Q2	180	70	74	176	133	116	13320	11680
10		Q1	148	102	87	163	128	121	12876	12124
11										
12	C店	Q4	85	165	90	160	76	173	7650	17350
13		Q3	112	138	106	144	118	131	11872	13128
14		Q2	120	130	95	155	114	136	11400	13600
15		Q1	94	156	120	130	112	137	11280	13720
16										
17	B店	Q4	225	25	110	140	247	2	24750	250
18		Q3	170	80	90	160	153	97	15300	9700
19		Q2	204	46	95	155	193	56	19380	5620
20		Q1	188	62	102	148	191	58	19176	5824
21										
22	A店	Q4	120	130	75	175	90	160	9000	16000
23		Q3	175	75	90	160	157	92	15750	9250
24		Q2	156	94	79	171	123	126	12324	12676
25		Q1	108	142	85	165	91	158	9180	15820

▲ 圖 59 表達不同內容數據的資料 -7

完成檔案「CH7.3-02 表達不同內容數據的資料 - 繪製」之「03」工作表。

STEP 02 建立堆疊橫條圖。

1 選中 C2~H25 儲存格。

2 點擊工作列「插入」按鍵,並點擊「橫條圖→堆疊橫條圖」。

3「堆疊橫條圖」如「圖 60 表達不同內容數據的資料 -8」所示。

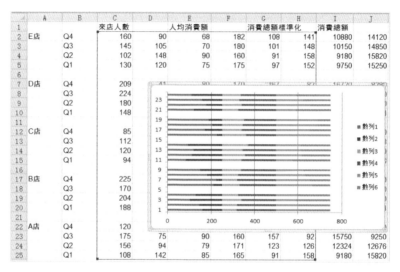

▲ 圖 60 表達不同內容數據的資料 -8

4 右鍵點擊繪圖區,選擇「選取資料」。

5 在彈出的「選取資料來源」對話方塊中,選中「數列 1」,點擊「編輯」。

6 在彈出的「編輯數列」對話方塊中,在「數列名稱」下方的空白欄中鍵入「來店人數」。

7 點擊「確定」。

8 用同樣的方法將「數列 3」的「數列名稱」修改為「人均消費額」,將「數列 5」的「數列名稱」修改為「消費總額」。

9 點擊「確定」。結果如「圖 61 表達不同內容數據的資料 -9」所示。

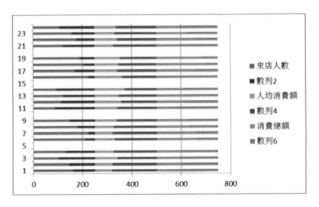

▲ 圖 61 表達不同內容數據的資料 -9

📖 完成檔案「CH7.3-02 表達不同內容數據的資料 - 繪製」之「04」工作表。

🔟 右鍵點擊「數列 2」，選擇「資料數列格式」。

⑪ 在彈出的「資料數列格式」對話方塊中，點擊「填滿」，選擇「無填滿」。

⑫ 選中「數列 4」。

⑬ 在「資料數列格式」對話方塊中，點擊「填滿」，選擇「無填滿」。

⑭ 選中「數列 6」。

⑮ 在「資料數列格式」對話方塊中，點擊「填滿」，選擇「無填滿」。

⑯ 點擊「關閉」。結果如「圖 62 表達不同內容數據的資料 -10」所示。

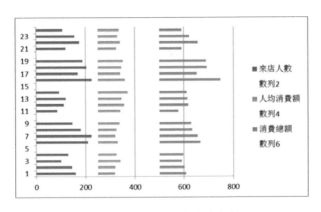

▲ 圖 62 表達不同內容數據的資料 -10

📖 完成檔案「CH7.3-02 表達不同內容數據的資料 - 繪製」之「05」工作表。

⑰ 右鍵點擊「來店人數」數列，選擇「資料數列格式」。

⑱ 在彈出的「資料數列格式」對話方塊中，點擊「填滿」，選擇「實心填滿」，「填滿色彩」設定為 RGB（21,56,162）。

⑲ 選中「人均消費額」數列。

⑳ 在「資料數列格式」對話方塊中，點擊「填滿」，選擇「實心填滿」，「填滿色彩」設定為 RGB（56,115,189）。

㉑ 選中「消費總額」數列。

㉒ 在「資料數列格式」對話方塊中，點擊「填滿」，選擇「實心填滿」，「填滿色彩」設定為 RGB（152,184,223）。

㉓ 點擊「關閉」。結果如「圖 63 表達不同內容數據的資料 -11」所示。

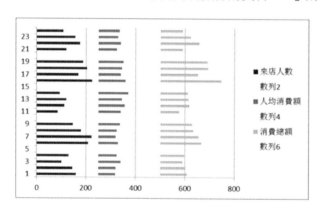

▲ 圖 63 表達不同內容數據的資料 -11

完成檔案「CH7.3-02 表達不同內容數據的資料 - 繪製」之「06」工作表。

㉔ 右鍵點擊「來店人數」數列，選擇「資料數列格式」。

㉕ 在彈出的「資料數列格式」對話方塊中，點擊「數列選項」，將「類別間距」中的「150%」改寫為「30%」。

㉖ 點擊「關閉」。結果如「圖 64 表達不同內容數據的資料 -12」所示。

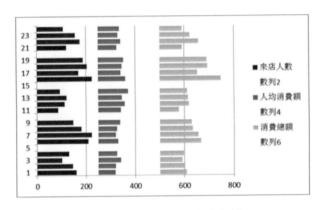

▲ 圖 64 表達不同內容數據的資料 -12

完成檔案「CH7.3-02 表達不同內容數據的資料 - 繪製」之「07」工作表。

STEP 03 設定垂直軸標籤。

1 在 L1 儲存格中鍵入「X」。

2 在 M1 儲存格中鍵入「Y」。

3 在 L2~M25 儲存格中建立輔助資料，如「圖 65 表達不同內容數據的資料 -13」所示。

輔助數據取「.5」，是為了讓垂直軸標籤與相應的橫條位於同一水平軸。

	L	M
1	X	Y
2	0	0.5
3	0	1.5
4	0	2.5
5	0	3.5
6	0	4.5
7	0	5.5
8	0	6.5
9	0	7.5
10	0	8.5
11	0	9.5
12	0	10.5
13	0	11.5
14	0	12.5
15	0	13.5
16	0	14.5
17	0	15.5
18	0	16.5
19	0	17.5
20	0	18.5
21	0	19.5
22	0	20.5
23	0	21.5
24	0	22.5
25	0	23.5

▲ 圖 65 表達不同內容數據的資料 -13

4 右鍵點擊繪圖區，選擇「選取資料」。

5 在彈出的「選取資料來源」對話方塊中，點擊「新增」。

6 在彈出的「編輯數列」
對話方塊中，在「數列
名稱」下方的空白欄中
鍵入「輔助數據」。

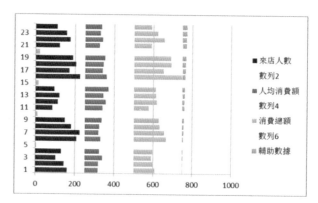

7 刪除「數列值」下方欄
位中的「{1}」。

8 點選 M2~M25 儲存格。

9 點擊「確定」。如「圖
66 表達不同內容數據的
資料 -14」所示。

▲ 圖 66 表達不同內容數據的資料 -14

完成檔案「CH7.3-02 表達不同內容數據的資料 - 繪製」之「08」工作表。

10 右鍵點擊「輔助數據」
數列，選擇「變更數列
圖表類型」。

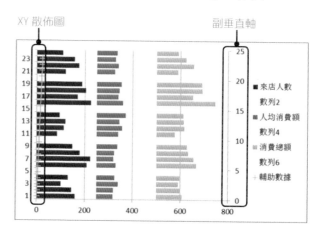

11 在彈出的「變更圖表類
型」對話方塊中，選擇
XY 散佈圖。

12 點擊「確定」。

13 將 XY 散佈圖被自動設
定於副垂直軸。如「圖
67 表達不同內容數據的
資料 -15」所示。

▲ 圖 67 表達不同內容數據的資料 -15

完成檔案「CH7.3-02 表達不同內容數據的資料 - 繪製」之「09」工作表。

⓮ 右鍵點擊繪圖區，選擇「選取資料」。

⓯ 在彈出的「選取資料來源」對話方塊中，選中「輔助數據」，點擊「編輯」。

⓰ 在彈出的「編輯數列」
對話方塊中，點擊「數
列X值」下方的空白欄，
點選 L2~L25 儲存格。

⓱ 依次在兩個對話方塊中
點擊「確定」。

⓲ 「輔助數據」的資料點
排列在同一垂直線上。
如「圖 68 表達不同內
容數據的資料 -16」所示。

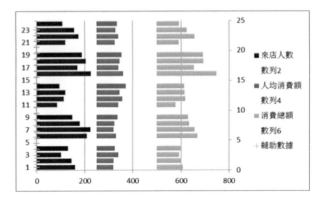

▲ 圖 68 表達不同內容數據的資料 -16

⓳ 右鍵點擊副垂直軸，選擇「座標軸格式」。

⓴ 在彈出的「座標軸格式」對話方塊中，點擊「座標軸選項」，「最小值」選擇
「固定」，「最大值」選擇「固定」，並將右側欄位中的「25.0」改寫為「24.0」。

㉑ 點擊「關閉」。

㉒ 主副垂直軸的座標值相
對應，即 XY 散佈圖各
資料點位於主垂直軸的
「主要刻度」之間，以
便之後增加座標軸標籤
時能夠呼應。

完成檔案「CH7.3-02 表達
不同內容數據的資料 - 繪
製」之「10」工作表。

XY 散佈圖各資料點位於主垂直軸的「主要刻度」之間

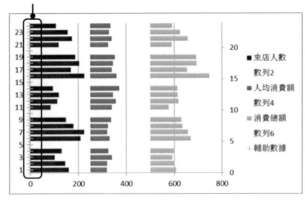

▲ 圖 69 表達不同內容數據的資料 -17

㉓ 右鍵點擊主垂直軸，選擇「座標軸格式」。

㉔ 在彈出的「座標軸格式」對話方塊中，點擊「座標軸選項」，「座標軸標籤」
選擇「無」。

㉕ 點擊「關閉」。主垂直軸的座標軸標籤消失了。

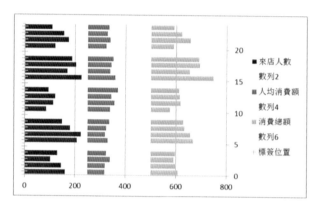

▲ 圖 70 表達不同內容數據的資料 -18

㉖ 選中圖例。

㉗ 按下「Del」按鍵。

㉘ 選中「輔助數據」數列。

㉙ 點擊工作列「圖表工具→版面配置」按鍵，並點擊「資料標籤→左」。

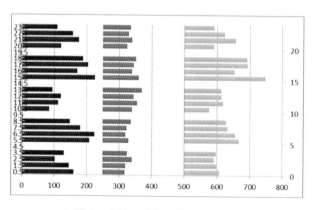

▲ 圖 71 表達不同內容數據的資料 -19

完成檔案「CH7.3-02 表達不同內容數據的資料 - 繪製」之「11」工作表。

30 在 N1 儲存格中鍵入「標籤值」。

31 在 N2~N25 儲存格中依次鍵入店名及季度。如「圖 72 表達不同內容數據的資料 -20」所示。

32 選中所增加的「資料標籤」。

33 點擊工作列「增益集」按鍵,並點擊「更改數據標籤」。

34 在彈出的「標籤的引用區域」對話方塊中,點選 N2~N25 儲存格。

35 點擊「確定」。

36 選中繪圖區。

37 將繪圖區的左側邊界向右拖移,使得「資料標籤」可以清晰顯示。

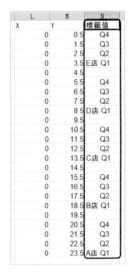

L	M	N
X	Y	標籤值
0	0.5	Q4
0	1.5	Q3
0	2.5	Q2
0	3.5	E店 Q1
0	4.5	
0	5.5	Q4
0	6.5	Q3
0	7.5	Q2
0	8.5	D店 Q1
0	9.5	
0	10.5	Q4
0	11.5	Q3
0	12.5	Q2
0	13.5	C店 Q1
0	14.5	
0	15.5	Q4
0	16.5	Q3
0	17.5	Q2
0	18.5	B店 Q1
0	19.5	
0	20.5	Q4
0	21.5	Q3
0	22.5	Q2
0	23.5	A店 Q1

▲ 圖 72 表達不同內容數據的資料 -20

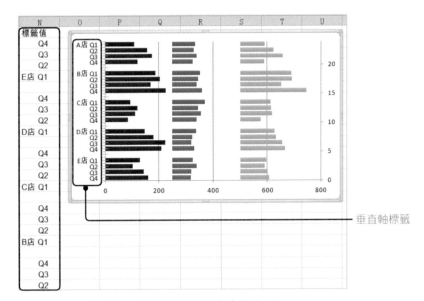

▲ 圖 73 表達不同內容數據的資料 -21

E 完成檔案「CH7.3-02 表達不同內容數據的資料 - 繪製」之「12」工作表。

STEP 04 設定水平軸標籤。

1 右鍵點擊水平軸，選擇「座標軸格式」。

2 在彈出的「座標軸格式」對話方塊中，點擊「座標軸選項」,「座標軸標籤」
選擇「無」。

3 點擊「關閉」。結果如「圖 74 表達不同內容數據的資料 -22」所示。

▲ 圖 74 表達不同內容數據的資料 -22

4 在 P1 儲存格中鍵入「X」。

5 在 Q1 儲存格中鍵入「Y」。

6 在 R1 儲存格中鍵入「標籤值」。

7 在 P2~Q4 儲存格中建立輔助資料和「標籤值」,如「圖 75 表達不同內容數據
的資料 -23」所示。

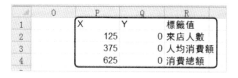

▲ 圖 75 表達不同內容數據的資料 -23

8 右鍵點擊繪圖區，選擇「選取資料」。

9 在彈出的「選取資料來源」對話方塊中，點擊「新增」。

10 在彈出的「編輯數列」對話方塊中，在「數列名稱」下方的空白欄中鍵入「輔助數據 2」。

11 點擊「數列 X 值」下方的空白欄，並點選 P2~P4 儲存格。

12 刪除「數列 Y 值」下方欄位中的「{1}」。

13 點選 Q2~Q4 儲存格。

14 依次在兩個對話方塊中點擊「確定」。

15 選中「輔助數據 2」數列。

16 點擊工作列「圖表工具→版面配置」按鍵，並點擊「資料標籤→下」。

17 選中所增加的「資料標籤」。

18 點擊工作列「增益集」按鍵，並點擊「更改數據標籤」。

19 在彈出的「標籤的引用區域」對話方塊中，點選 R2~R4 儲存格。

20 點擊「確定」。如「圖 76 表達不同內容數據的資料 -24」所示。

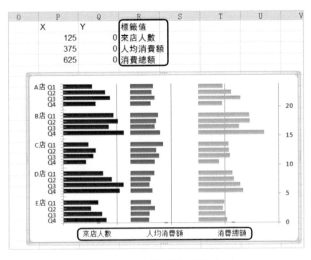

▲ 圖 76 表達不同內容數據的資料 -24

完成檔案「CH7.3-02 表達不同內容數據的資料 - 繪製」之「13」工作表。

STEP 05 增加橫條圖資料標籤。

❶ 選中「來店人數」數列。

❷ 點擊工作列「圖表工具→版面配置」按鍵,並點擊「資料標籤→基底內側」。

❸ 選中「資料標籤」。

❹ 點擊工作列「常用」,「字型色彩」選擇「白色」,「字型大小」鍵入「6」。

❺ 「資料標籤」可以清晰地顯示出來。

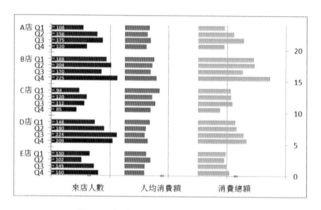

▲ 圖 77 表達不同內容數據的資料 -25

❻ 用相同的方式為「人均消費額」數列增加資料標籤。

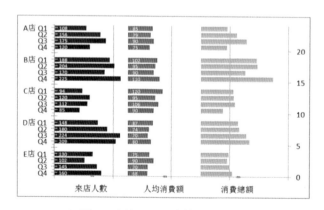

▲ 圖 78 表達不同內容數據的資料 -26

7 用相同的方式為「消費總額」數列增加資料標籤。

8 選中所增加的「資料標籤」。

9 點擊工作列「增益集」按鍵,並點擊「更改數據標籤」。

10 在彈出的「標籤的引用區域」對話方塊中,點選 I2~I25 儲存格。

11 點擊「確定」。結果如「圖 79 表達不同內容數據的資料 -27」所示。

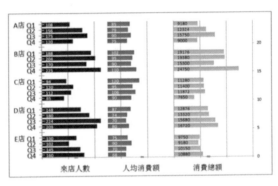

▲ 圖 79 表達不同內容數據的資料 -27

完成檔案「CH7.3-02 表達不同內容數據的資料 - 繪製」之「14」工作表。

STEP 06 細節處理。

1 右鍵點擊「輔助數據 2」數列,選擇「資料數列格式」。

2 在彈出的「資料數列格式」對話方塊中,點擊「標記選項」,「標記類型」選擇「無」。

3 點擊「關閉」。如「圖 80 表達不同內容數據的資料 -28」所示。

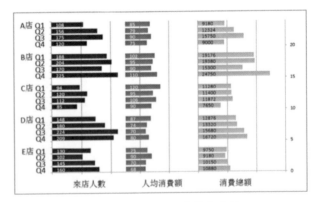

▲ 圖 80 表達不同內容數據的資料 -28

完成檔案「CH7.3-02 表達不同內容數據的資料 - 繪製」之「15」工作表。

4 選中水平軸。

5 按下「Del」按鍵。

6 選中主垂直軸。

7 按下「Del」按鍵。

8 選中副垂直軸。

9 按下「Del」按鍵。

10 選中格線。

11 按下「Del」按鍵。

12 點擊圖表區。

13 在「圖表區格式」對話方塊中,點擊「框線色彩」,選擇「無線條」。

14 點擊「關閉」。

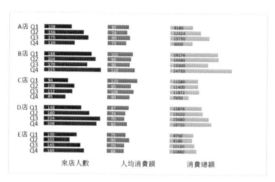

▲ 圖 81 表達不同內容數據的資料 -29

15 依次選中各類文字,點擊工作列「常用」按鍵,並將中文「字型」修改為「黑體」,「英文」或「數字」字型修改為「Arial」。

16 圖表繪製完成。按照「來店人數」、「人均消費額」、「消費總額」分三大類排列,且不同內容數據的資料共處同一張圖表中。

▲ 圖 82 表達不同內容數據的資料 -30

 完成檔案「CH7.3-02 表達不同內容數據的資料 - 繪製」之「16」工作表。

7.4 技巧與實作

利用組圖表達資料的情況下，採用合適的「拆解原則」很重要。如何選擇「拆解原則」繪製成組圖呢？

圖形的拆解方式分兩大類，❶形成一維組圖，❷形成二維組圖。

一維組圖的情況比較簡單，橫向拆解原圖或者縱向拆解原圖。確定橫向拆解方式或是縱向拆解方式，有以下原則。

❖ 如果被拆解的圖形之間要進行垂直軸的數值比較，考慮採用橫向拆解的方式。

❖ 如果被拆解的圖形要清晰顯示各階段的變化趨勢，考慮採用縱向拆解的方式。

二維組圖的情況相對複雜，針對的資料量也更加龐大，而且是二維資料。此時，資料的二維版面配置宜與組圖的二維版面配置一致。例如 7.3 章節的實例，圖表的結構與資料表的結構是一樣的。

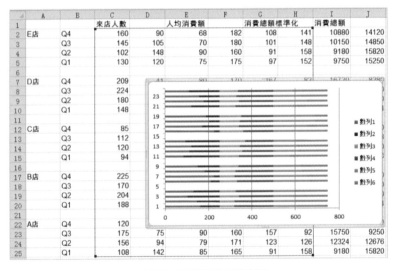

▲ 圖 83 利用組圖表達資料

注意，拆解繁複圖形時，通常要利用輔助資料，為每個獨立的圖形建立存放空間。一維組圖或是二維組圖均是如此。

8

綜合演練

8.1　完整圖表的模仿繪製

8.2　線端突出的圖形顯示

8.3　直條圖與 XY 散佈圖的套用

範例請於 http://goo.gl/82calC 下載

以上章節介紹了多種圖表的繪製方法，事實上，要實現以上各種圖表，未必只有華山一條路，而是可能有多種解決方法的。

職場中，我們常常會要繪製新的圖表，繪製新的圖表時，我們也可以使用之前用過的各種方法，經過重新組合，便能完成。以下，我們透過 3 個實例來演練。

8.1 完整圖表的模仿繪製

經過上述章節的介紹，我們對專業圖表繪製的有一定的瞭解。在專業圖表繪製的初期階段，我們先從模仿開始。請用 EXCEL 2010 繪製一份與下圖相同的圖表。

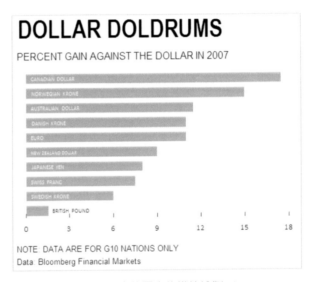

▲ 圖 1 完整圖表的模仿繪製 -1

圖表繪製步驟如下。

STEP 01 建立原始資料及圖表。

❶ 打開檔案「CH8.1 完整圖表的模仿製作」之「01」工作表。

❷「01」工作表已預設資料資訊，如「圖 2 完整圖表的模仿繪製 -2」所示。

	A	B
1	幣種	%
2	BRITISH POUND	1.5
3	SWEDISH KRONE	6.0
4	SWISS FRANC	7.5
5	JAPANESE YEN	8.0
6	NEW ZEALAND DOLLAR	9.0
7	EURO	11.0
8	DANISH KRONE	11.0
9	AUSTRALIAN DOLLAR	11.5
10	NORWEGIAN KRONE	15.0
11	CANADIAN DOLLAR	17.5

▲ 圖 2 完整圖表的模仿繪製 -2

完成檔案「CH8.1 完整圖表的模仿製作」之「01」工作表。

「圖 2 完整圖表的模仿繪製 -2」中,「幣種」資料是用於與美元的比較對象,「%」資料表示 2007 年相應幣種相對美元的升值幅度。由於「圖 1 完整圖表的模仿繪製 -1」的水平軸標籤未顯示「%」符號,而是在標題處 明為「PERCENT」,因此「圖 2 完整圖表的模仿繪製 -2」表格中的百分比數據未用「%」表示。

3 選中 A2 至 B11 儲存格。

4 點擊工作列「插入」按鍵,並點擊「橫條圖→群組橫條圖」。

▲ 圖 3 完整圖表的模仿繪製 -3

5「群組橫條圖」顯示了各幣種的增值幅度。結果如「圖 4 完整圖表的模仿繪製 -4」所示。

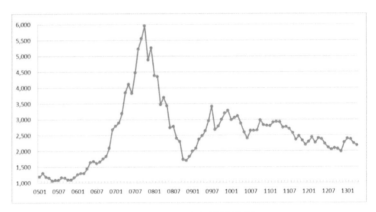

▲ 圖 4 完整圖表的模仿繪製 -4

完成檔案「CH8.1 完整圖表的模仿製作」之「02」工作表。

STEP 02 修改 Excel 的預設設定。

主要修改的預設設定如「圖 5 完整圖表的模仿繪製 -5」所示。

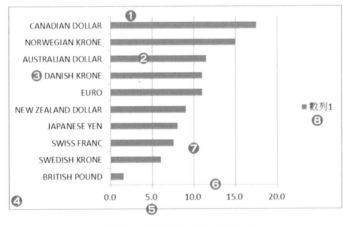

▲ 圖 5 完整圖表的模仿繪製 -5

❶ 垂直軸隱身，且「主要刻度」顯示為「無」

❷ 修改橫條色彩和橫條寬度

❸ 將資料標籤移到橫條上

❹ 刪除圖表框線

❺ 將水平軸最大值設定為「18」，主要刻度間距設定為「3」，標籤的小數位數設定為「0」

❻ 刪除水平線條

❼ 刪除格線

❽ 刪除圖例

1️⃣ 選中圖例。

2️⃣ 按下「Del」按鍵。

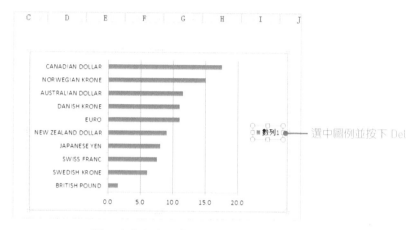

選中圖例並按下 Del

▲ 圖 6 完整圖表的模仿繪製 -6

3️⃣ 選中格線。

4️⃣ 按下「Del」按鍵。

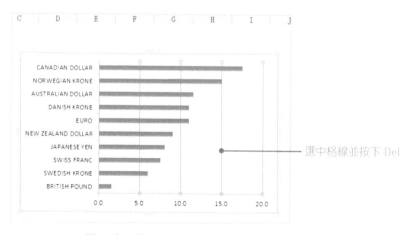

選中格線並按下 Del

▲ 圖 7 完整圖表的模仿繪製 -7

5 右鍵點擊水平軸，選擇「座標軸格式」。

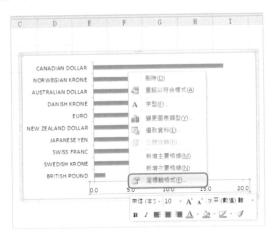

▲ 圖 8 完整圖表的模仿繪製 -8

6 在彈出的「座標軸格式」對話方塊中，點擊「座標軸選項」,「最小值」選擇「固定」。

7「最大值」選擇「固定」，並將右側欄位中的「20.0」改寫為「18.0」。

8「主要刻度間距」選擇「固定」，並將右側欄位中的「5.0」改寫為「3.0」。

▲ 圖 9 完整圖表的模仿繪製 -9

9 點擊「數值」，將「小數位數」右側欄位中的「1」改寫為「0」。

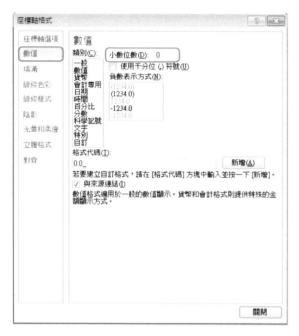

▲ 圖 10 完整圖表的模仿繪製 -10

10 點擊「關閉」。結果如「圖 11 完整圖表的模仿繪製 -11」所示。

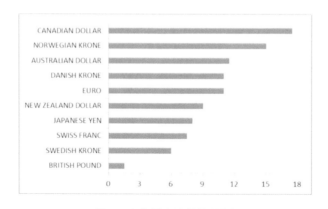

▲ 圖 11 完整圖表的模仿繪製 -11

E 完成檔案「CH8.1 完整圖表的模仿製作」之「03」工作表。

⑪ 右鍵點擊水平軸，選擇「座標軸格式」。

⑫ 在彈出的「座標軸格式」對話方塊中，點擊「線條色彩」，選擇「無線條」。

▲ 圖 12 完整圖表的模仿繪製 -12

⑬ 點擊「關閉」。結果如「圖 13 完整圖表的模仿繪製 -13」所示。

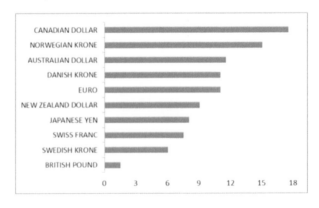

▲ 圖 13 完整圖表的模仿繪製 -13

完成檔案「CH8.1 完整圖表的模仿製作」之「04」工作表。

STEP 03 建立水平軸刻度。

「圖 1 完整圖表的模仿繪製 -1」中，水平軸保留了刻度線，因此我們要運用輔助
數據「補回」刻度線。

1 在 A14~B21 儲存格中建立輔助資料，如「圖 14 完整圖表的模仿繪製 -14」
所示。

▲ 圖 14 完整圖表的模仿繪製 -14

2 右鍵點擊繪圖區，選擇「選取資料」。

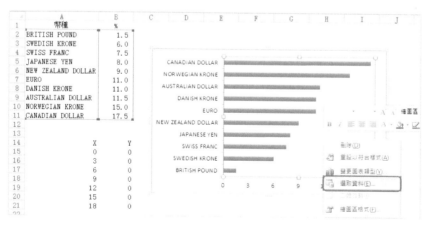

▲ 圖 15 完整圖表的模仿繪製 -15

3 在彈出的「選取資料來源」對話方塊中,點擊「新增」。

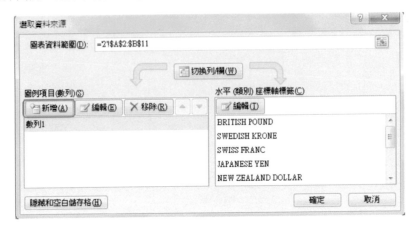

▲ 圖 16 完整圖表的模仿繪製 -16

4 在彈出的「編輯數列」對話方塊中,在「數列名稱」下方的空白欄中鍵入「輔助數據」。

5 刪除「數列值」下方欄位中的「{1}」。

6 點選 A15~A21 儲存格。

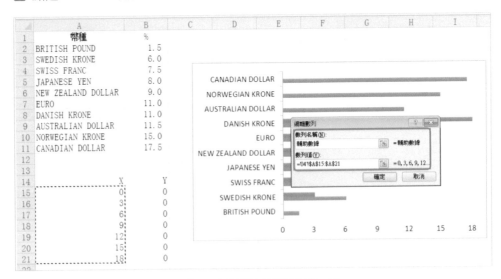

▲ 圖 17 完整圖表的模仿繪製 -17

7 點擊「確定」。結果如「圖 18 完整圖表的模仿繪製 -18」所示。

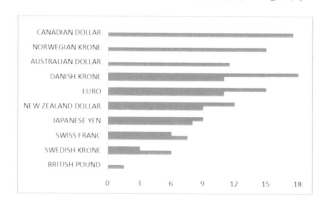

▲ 圖 18 完整圖表的模仿繪製 -18

完成檔案「CH8.1 完整圖表的模仿製作」之「05」工作表。

新增的「輔助數據」數列圖形為橫條圖，並非我們所需的 XY 散佈圖。

8 右鍵點擊「輔助數據」數列，選擇「變更數列圖表類型」。

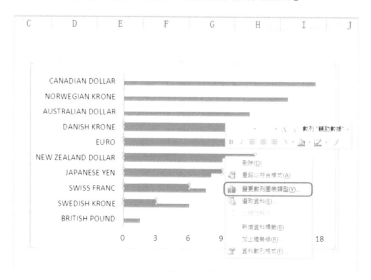

▲ 圖 19 完整圖表的模仿繪製 -19

🔟 在彈出的「變更圖表類型」對話方塊中,選擇 XY 散佈圖。

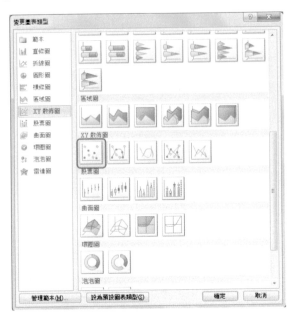

▲ 圖 20 完整圖表的模仿繪製 -20

🔟 點擊「確定」。圖表上多了深紅色的散點。

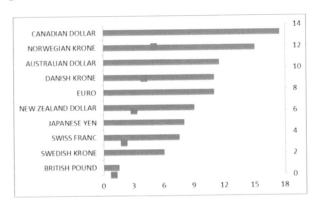

▲ 圖 21 完整圖表的模仿繪製 -21

完成檔案「CH8.1 完整圖表的模仿製作」之「06」工作表。

⑪ 右鍵點擊繪圖區，選擇「選取資料」。

⑫ 在彈出的「選取資料來源」對話方塊中，選中「輔助數據」，點擊「編輯」。

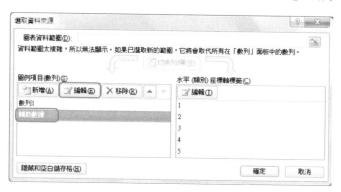

▲ 圖 22 完整圖表的模仿繪製 -22

⑬ 在彈出的「編輯數列」對話方塊中，點擊「數列 X 值」下方的空白欄，並點選 A15~A21 儲存格。

⑭ 刪除「數列 Y 值」下方欄位中的「='06'!$A$15:$A$21」，並點選 B15~B21 儲存格。

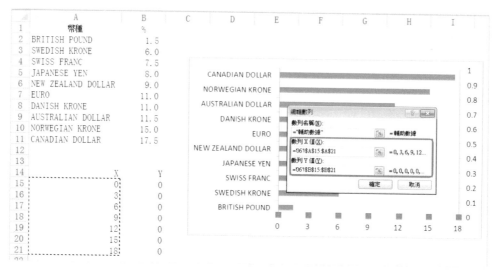

▲ 圖 23 完整圖表的模仿繪製 -23

⑮ 依次在兩個對話方塊中點擊「確定」。圖表中的深紅色散點排列在「刻度線」處。

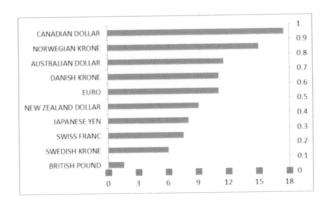

▲ 圖 24 完整圖表的模仿繪製 -24

⒠ 完成檔案「CH8.1 完整圖表的模仿製作」之「07」工作表。

⑯ 右鍵點擊副垂直軸,選擇「座標軸格式」。

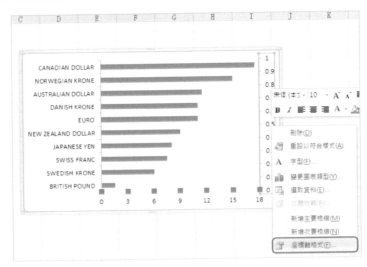

▲ 圖 25 完整圖表的模仿繪製 -25

17 在彈出的「座標軸格式」對話方塊中，點擊「座標軸選項」,「最小值」選擇「固定」,「最大值」選擇「固定」。

▲ 圖 26 完整圖表的模仿繪製 - 26

18 點擊「關閉」。

19 選中「輔助數據」數列的資料點。

20 點擊工作列「圖表工具→版面配置」按鍵，並點擊「誤差線→其他誤差線選項」。

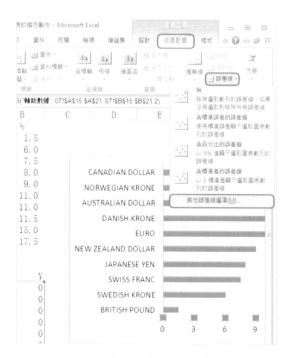

▲ 圖 27 完整圖表的模仿繪製 - 27

㉑ 在彈出的「誤差線格式」對話方塊中，點擊「垂直誤差線」，「方向」選擇「正差」，「終點樣式」選擇「無端點」，「誤差量」選擇「定值」，並將右側欄位中的「1.0」改寫為「0.03」。

▲ 圖 28 完整圖表的模仿繪製 - 28

㉒ 點擊「關閉」。XY 散佈圖的資料點上出現垂直誤差線和水平誤差線。

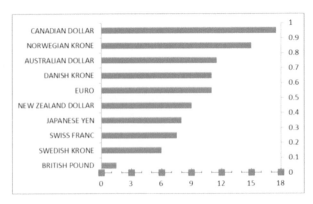

▲ 圖 29 完整圖表的模仿繪製 - 28

E 完成檔案「CH8.1 完整圖表的模仿製作」之「08」工作表。

㉓ 選中水平誤差線。

㉔ 按下「Del」按鍵。

㉕ 水平誤差線消失了。

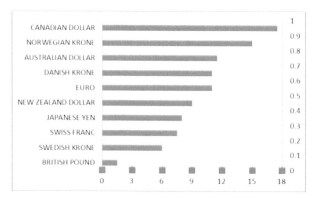

▲ 圖 30 完整圖表的模仿繪製 -30

㉖ 右鍵點擊「輔助數據」數列，選擇「資料數列格式」。

▲ 圖 31 完整圖表的模仿繪製 -31

27 在彈出的「資料數列格式」對話方塊中，點擊「標記選項」,「標記類型」選擇「無」。

▲ 圖 32 完整圖表的模仿繪製 -32

28 點擊「關閉」。圖表上僅保留 XY 散佈圖的誤差線，而無資料點。

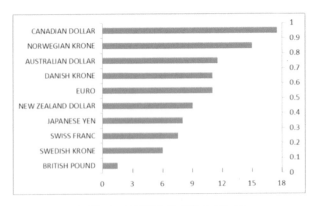

▲ 圖 33 完整圖表的模仿繪製 -33

E 完成檔案「CH8.1 完整圖表的模仿製作」之「09」工作表。

STEP 04 修改垂直軸樣式。

1 右鍵點擊垂直軸,選擇「座標軸格式」。

2 在彈出的「座標軸格式」對話方塊中,點擊「線條色彩」,選擇「無線條」。

▲ 圖 34 完整圖表的模仿繪製 -34

3 點擊「座標軸選項」,「主要刻度」選擇「無」。

▲ 圖 35 完整圖表的模仿繪製 -35

4 點擊「關閉」。結果如「圖 36 完整圖表的模仿繪製 -36」所示。

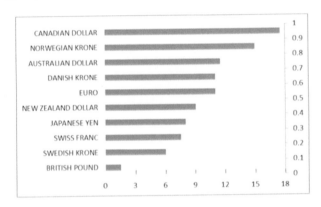

▲ 圖 36 完整圖表的模仿繪製 -36

E 完成檔案「CH8.1 完整圖表的模仿製作」之「10」工作表。

STEP 05 修改橫條樣式。

1 右鍵點擊橫條,選擇「資料數列格式」。

2 在彈出的「資料數列格式」對話方塊中,點擊「填滿」,選擇「實心填滿」,「填滿色彩」設定為 RGB(1,172,85)。

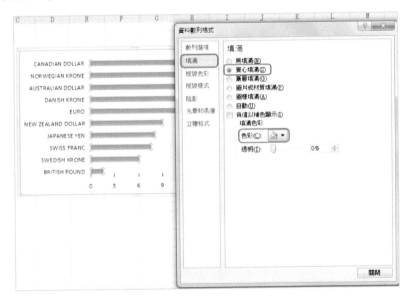

▲ 圖 37 完整圖表的模仿繪製 -37

3 點擊「數列選項」，將「類別間距」中的「150%」改寫為「50%」。

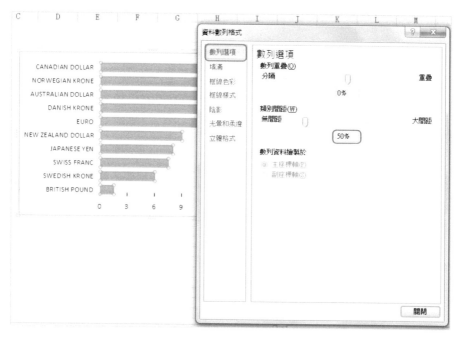

▲ 圖 38 完整圖表的模仿繪製 -38

4 點擊「關閉」。結果如「圖 39 完整圖表的模仿繪製 -39」所示。

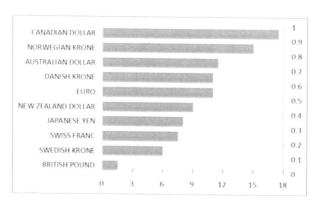

▲ 圖 39 完整圖表的模仿繪製 -39

E 完成檔案「CH8.1 完整圖表的模仿製作」之「11」工作表。

5 選中橫條。

6 點擊工作列「圖表工具→版面配置」按鍵,並點擊「資料標籤→基底內側」。

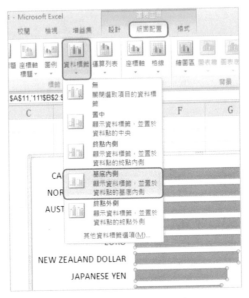

▲ 圖 40 完整圖表的模仿繪製 -40

7 橫條的百分比資料值顯示在橫條上。

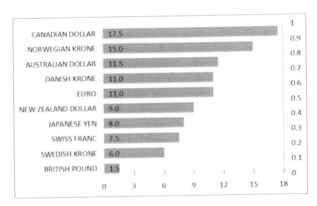

▲ 圖 41 完整圖表的模仿繪製 -41

8 選中資料標籤。

9 點擊工作列「增益集」按鍵,並點擊「更改數據標籤」。

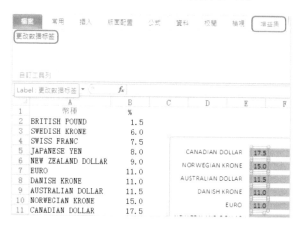

▲ 圖 42 完整圖表的模仿繪製 -42

10 在彈出的對話方塊中,點選 A2~A11 儲存格。

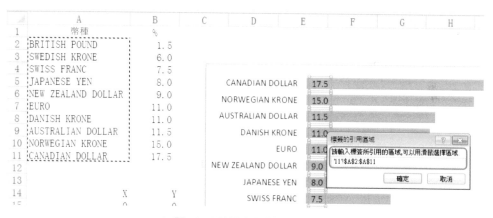

▲ 圖 43 完整圖表的模仿繪製 -43

⓫ 點擊「確定」。資料標籤顯示為「幣種」資料。

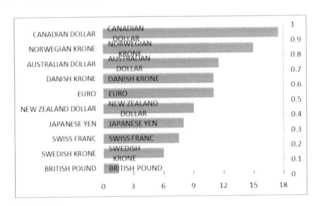

▲ 圖 44 完整圖表的模仿繪製 -44

⓬ 選中資料標籤。

⓭ 點擊工作列「常用」，在「字型大小」處鍵入「7」。

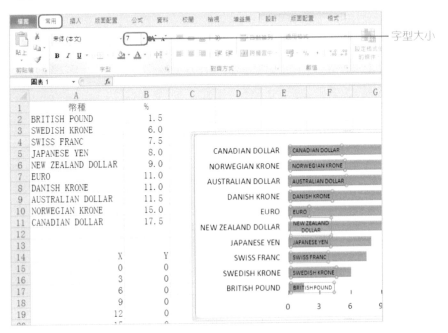

▲ 圖 45 完整圖表的模仿繪製 -45

⑭ 多數資料標籤的訊息顯示在同一列。

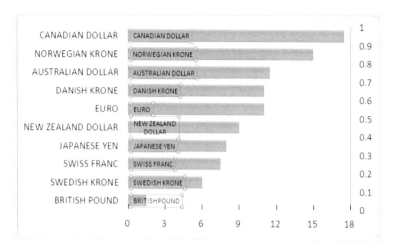

▲ 圖 46 完整圖表的模仿繪製 -46

⑮ 再次點擊「NEW ZEALAND DOLLAR」資料標籤,即單獨選中「NEW ZEALAND DOLLAR」資料標籤。

⑯ 點擊工作列「常用」,在「字型大小」處鍵入「6」。

⑰ 所有資料標籤都顯示在同一列了。

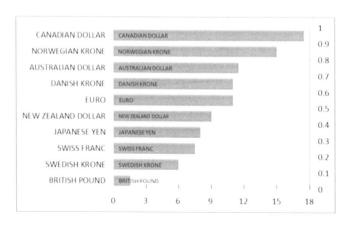

▲ 圖 47 完整圖表的模仿繪製 -47

18 重新選中所有資料標籤。

19 點擊工作列「常用」,「字型色彩」選擇「白色」。

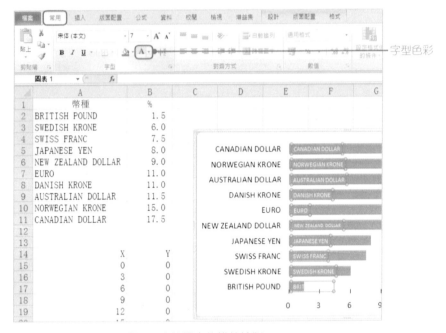

▲ 圖 48 完整圖表的模仿繪製 -48

E 完成檔案「CH8.1 完整圖表的模仿製作」之「12」工作表。

STEP 06 細節處理。

1 選中副垂直軸。

2 按下「Del」按鍵。

3 右鍵點擊主垂直軸,選擇「座標軸格式」。

4 在彈出的「座標軸格式」對話方塊中,點擊「座標軸選項」,「座標軸刻度」 選擇「無」。

5 點擊「關閉」。結果如「圖 49 完整圖表的模仿繪製 -49」所示。

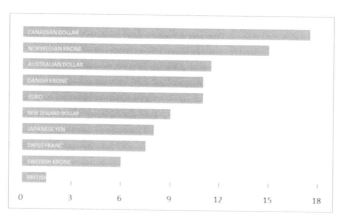

▲ 圖 49 完整圖表的模仿繪製 -49

6 選中資料標籤。

7 再次點擊「BRITISH POUND」資料標籤，即單獨選中「BRITISH POUND」資料標籤。

8 點擊工作列「常用」,「字型色彩」選擇「黑色」。

9 按住「BRITISH POUND」資料標籤，同時按住「Shift」按鍵，向右拖移，直至「BRITISH POUND」資料標籤位於橫條外側。

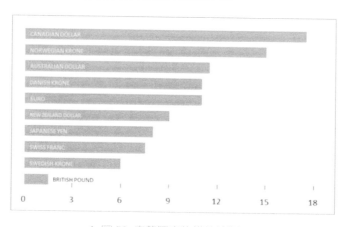

▲ 圖 50 完整圖表的模仿繪製 -50

10 點擊圖表區。

11 在「圖表區格式」對話方塊中，點擊「框線色彩」，選擇「無線條」。

12 點擊「關閉」。結果如「圖 51 完整圖表的模仿繪製 -51」所示。

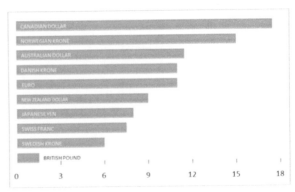

▲ 圖 51 完整圖表的模仿繪製 -51

 完成檔案「CH8.1 完整圖表的模仿製作」之「13」工作表。

STEP 07 修飾圖表。

上述步驟完成了圖表繪製的主要工作，接著要修飾圖表，包括增加標題、註腳等資訊。

1 插入新的工作表。

2 A 欄欄寬設定為 60（485 像素），第 1 列列高設定為 50.25（67 像素），第 2 列列高設定為 15（20 像素），第 3 列列高設定為 217.5（290 像素），第 4、5 列列高同第 2 列列高。

▲ 圖 52 完整圖表的模仿繪製 -52

3 選中 A1~A5 儲存格。

4 點擊工作列「常用」,「填滿色彩」選擇「白色」。

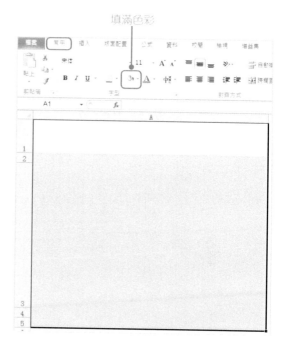

▲ 圖 53 完整圖表的模仿繪製 -53

5 在 A1 儲存格中鍵入「DOLLAR DOLDRUMS」。

6 選中 A1 儲存格。

7 點擊工作列「常用」,「字型」選擇「Arial Narrow」,點擊「粗體」,「字型大小」選擇「30」pt。

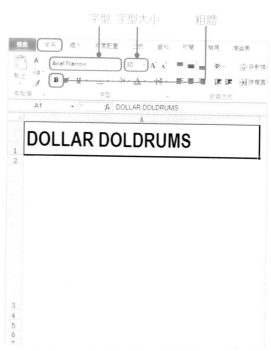

▲ 圖 54 完整圖表的模仿繪製 -54

8 在 A2 儲存格中鍵入「PERCENT GAIN AGAINST THE DOLLAR IN 2007」。

9 選中 A2 儲存格。

10 點擊工作列「常用」,「字型」選擇「Arial」,「字型大小」選擇「12」pt。

▲ 圖 55 完整圖表的模仿繪製 -55

11 複製「13」工作表中建立的圖表,並貼至本工作表中。

12 按住圖表,並移動到 A3 儲存格中。注意調整圖表的框線大小,使其全部位於 A3 儲存格內。

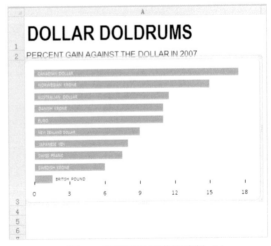

▲ 圖 56 完整圖表的模仿繪製 -56

⑬ 在 B4 儲存格中鍵入「NOTE: DATA ARE FOR G10 NATIONS ONLY」。

⑭ 在 B5 儲存格中鍵入「Data: Bloomberg Financial Markets」

⑮ 選中 B4 和 B5 儲存格。

⑯ 點擊工作列「常用」,「字型」選擇「Arial」,「字型大小」選擇「10」pt。

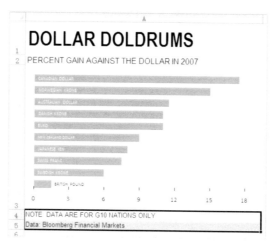

▲ 圖 57 完整圖表的模仿繪製 -57

完成檔案「CH8.1 完整圖表的模仿製作」之「14」工作表。

STEP 08 將完整的圖表儲存為圖片。

❶ 右鍵點擊 A1~A5 儲存格,選擇「複製」。

❷ 打開 PowerPoint 檔案。

❸ 右鍵點擊 PowerPoint 檔案的頁面,選擇「貼上選項→圖片」。

▲ 圖 58 完整圖表的模仿繪製 -58

4 所複製的內容以圖片形式貼至 PowerPoint 檔案中了。

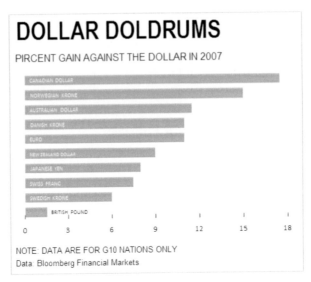

▲ 圖 59 完整圖表的模仿繪製 -59

8.2 線端突出的圖形顯示

「圖 60 線端突出的圖形顯示 -1」表達了 Y 公司各店面 2013 年 4 月的筆記本銷量,突出的線端讓讀者一目了然。這樣的圖形該如何繪製呢?

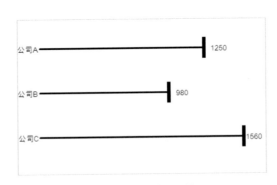

▲ 圖 60 線端突出的圖形顯示 -1

圖表繪製步驟如下。

 STEP 01 建立原始資料及圖表。

1 打開檔案「CH8.2 線端突出的圖形顯示」之「01」工作表。

2 A1~D5 儲存格中,是 3 條折線圖對應的水平軸、垂直軸的座標值,即原始資料。

	A	B	C	D
1	X	Y折線1	Y折線2	Y折線3
2	0	1	2	3
3	980	1	2	3
4	1250	1		3
5	1560	1		
6				

▲ 圖 61 線端突出的圖形顯示 -2

3 「01」工作表中的圖表,是依據原始資料繪製的圖表。

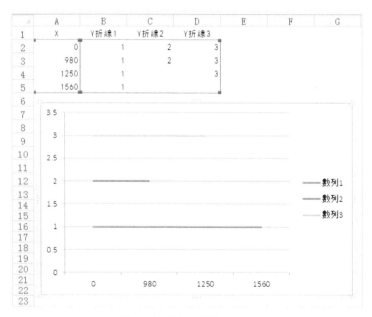

▲ 圖 62 線端突出的圖形顯示 -3

E 完成檔案「CH8.2 線端突出的圖形顯示」之「01」工作表。

STEP 02 設定水平軸。

1 右鍵點擊水平軸，選擇「座標軸格式」。

2 在彈出的「座標軸格式」對話方塊中，點擊「座標軸選項」「座標軸類型」勾選「日期座標軸」。

3 水平軸的標籤值由原來的「0」、「980」、「1250」、「1560」調整為從「0」至「1560」的連續值。「圖 63 線端突出的圖形顯示 -4」中，由於水平軸的標籤彼此重疊，故顯示不清晰。

▲ 圖 63 線端突出的圖形顯示 -4

 完成檔案「CH8.2 線端突出的圖形顯示」之「02」工作表。

4 點擊「關閉」。

STEP 03 增加線端圖形。

1 在 F1~G4 儲存格中增加輔助資料,如「圖 64 線端突出的圖形顯示 -5」所示。

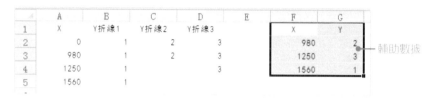

▲ 圖 64 線端突出的圖形顯示 -5

2 右鍵點擊繪圖區,選擇「選取資料」。

3 在彈出的「選取資料來源」對話方塊中,點擊「新增」。

4 在彈出的「編輯數列」對話方塊中,在「數列名稱」下方的空白欄中鍵入「輔助數據」。

5 刪除「數列值」下方欄位中的「{1}」。

6 點選 G2~G4 儲存格。

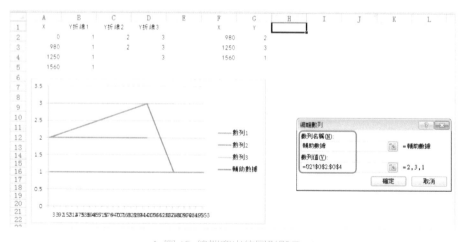

▲ 圖 65 線端突出的圖形顯示 -6

7 依次在兩個對話方塊中點擊「確定」。結果如「圖 66 線端突出的圖形顯示 -7」所示。

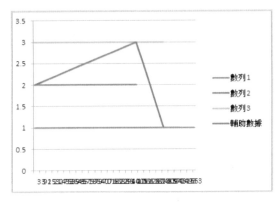

▲ 圖 66 線端突出的圖形顯示 -7

完成檔案「CH8.2 線端突出的圖形顯示」之「03」工作表。

8 右鍵點擊「輔助數據」數列,選擇「變更數列圖表類型」。

9 在彈出的「變更圖表類型」對話方塊中,選擇「XY 散佈圖」。

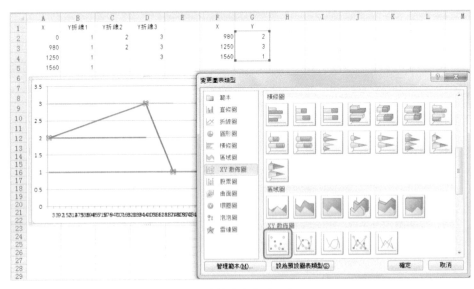

▲ 圖 67 線端突出的圖形顯示 -8

⑩ 點擊「確定」。結果如「圖 68 線端突出的圖形顯示 -9」所示。

▲ 圖 68 線端突出的圖形顯示 -9

⑪ 右鍵點擊繪圖區，選擇「選取資料」。

⑫ 在彈出的「選取資料來源」對話方塊中，選擇「輔助數據」，並點擊「編輯」。

⑬ 在彈出的「編輯數列」對話方塊中，點擊「數列 X 值」下方的空白欄，並點
選 F2~F4 儲存格。

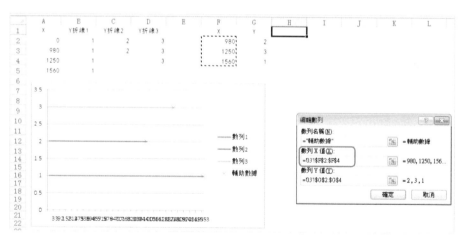

▲ 圖 69 線端突出的圖形顯示 -10

14 依次在兩個對話方塊中點擊「確定」。結果如「圖 70　線端突出的圖形顯示-11」所示。

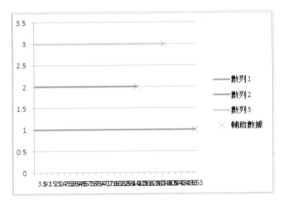

▲ 圖 70　線端突出的圖形顯示 -11

完成檔案「CH8.2 線端突出的圖形顯示」之「04」工作表。

15 選中「輔助數據」數列的資料點。

16 點擊工作列「圖表工具→版面配置」按鍵，並點擊「誤差線→其他誤差線選項」。

17 在彈出的「誤差線格式」對話方塊中，點擊「垂直誤差線」，將「誤差量」右側欄位中的「1.0」改寫為「0.2」。

▲ 圖 71　線端突出的圖形顯示 -12

⑱ 點擊「線條樣式」，寬度選擇「5pt」。

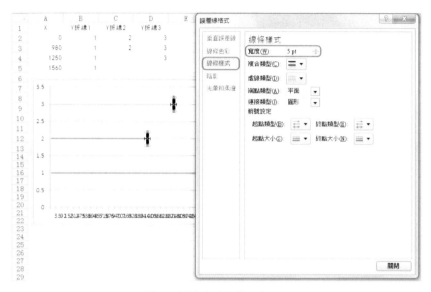

▲ 圖 72 線端突出的圖形顯示 -13

⑲ 點擊「關閉」。結果如「圖 73 線端突出的圖形顯示 -14」所示。

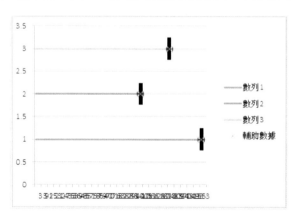

▲ 圖 73 線端突出的圖形顯示 -14

E 完成檔案「CH8.2 線端突出的圖形顯示」之「05」工作表。

⑳ 選中「輔助數據」數列。

㉑ 點擊工作列「圖表工具→版面配置」按鍵,並點擊「資料標籤→右」。

㉒ 選中所增加的「資料標籤」。

㉓ 點擊工作列「增益集」按鍵,並點擊「更改數據標籤」。

㉔ 在彈出的「標籤的引用區域」對話方塊中,點選 A2~A4 儲存格。

㉕ 點擊「確定」。結果如「圖 74 線端突出的圖形顯示 -15」所示。

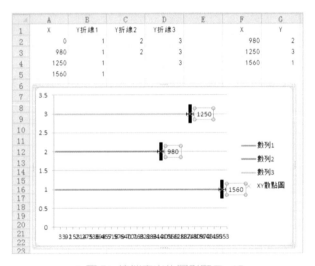

▲ 圖 74 線端突出的圖形顯示 -15

完成檔案「CH8.2 線端突出的圖形顯示」之「06」工作表。

STEP 04 細節處理。

① 選中水平軸。

② 按下「Del」按鍵。

③ 選中垂直軸。

④ 按下「Del」按鍵。結果如「圖 75 線端突出的圖形顯示 -16」所示。

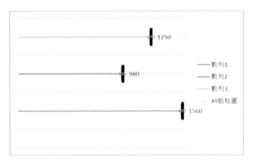

▲ 圖 75 線端突出的圖形顯示 -16

5 選中格線。

6 按下「Del」按鍵。

7 選中圖例。

8 按下「Del」按鍵。

9 點擊圖表區。

10 在「圖表區格式」對話方塊中，點擊「框線色彩」，選擇「無線條」。

11 點擊「關閉」。結果如「圖 76 線端突出的圖形顯示 -17」所示。

▲ 圖 76 線端突出的圖形顯示 -17

12 右鍵點擊「輔助數據」數列的資料點，選擇「資料數列格式」。

13 在彈出的「資料數列格式」對話方塊中，點擊「標記選項」，「標記類型」選擇「無」。

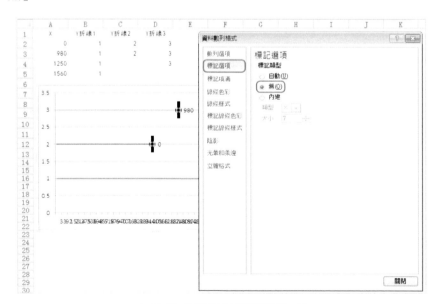

▲ 圖 77 線端突出的圖形顯示 -18

14 點擊「關閉」。

15 選中水平誤差線。

16 按下「Del」按鍵。結果如「圖 78 線端突出的圖形顯示 -19」所示。

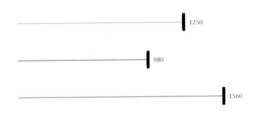

▲ 圖 78 線端突出的圖形顯示 -19

E 完成檔案「CH8.2 線端突出的圖形顯示」之「07」工作表。

17 在 I1~K4 儲存格中增加輔助資料，如「圖 79 線端突出的圖形顯示 -20」所示。

I	J	K
X	Y	標籤值
0	1	公司C
0	2	公司B
0	3	公司A

▲ 圖 79 線端突出的圖形顯示 -20

18 右鍵點擊繪圖區，選擇「選取資料」。

19 在彈出的「選取資料來源」對話方塊中，點擊「新增」。

20 在彈出的「編輯數列」對話方塊中，在「數列名稱」下方的空白欄中鍵入「座標軸標籤」。

21 點擊「數列值 X」下方的空白欄位。

22 點選 I2~I4 儲存格。

23 刪除「數列值 Y」下方欄位中的「{1}」。

24 點選 J2~J4 儲存格。

25 選中所增加的「資料標籤」。

26 點擊工作列「增益集」按鍵，並點擊「更改數據標籤」。

27 在彈出的「標籤的引用區域」對話方塊中，點選 K2~K4 儲存格。

28 點擊「確定」。結果如「圖 80 線端突出的圖形顯示 -21」所示。

▲ 圖 80 線端突出的圖形顯示 -21

29 選中繪圖區。

30 按住繪圖區左側框線往右拖移，使得資料標籤可以清晰顯示。

31 右鍵點擊「公司 A」折線，選擇「資料數列格式」。

32 在彈出的「資料數列格式」對話方塊中，點擊「線條色彩」，選擇「實心線條」，色彩選擇「黑色」。

33 選中「公司 B」折線，點擊「線條色彩」，選擇「實心線條」，色彩選擇「黑色」。

34 選中「公司 C」折線，點擊「線條色彩」，選擇「實心線條」，色彩選擇「黑色」。

35 點擊「關閉」。

36 依次選中各類文字，點擊工作列「常用」按鍵，並將中文「字型」修改為「黑體」，「英文」或「數字」字型修改為「Arial」。

37 圖表繪製完成。突出的線端使得資料的顯示一目了然。

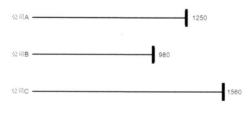

▲ 圖 81 線端突出的圖形顯示 -22

完成檔案「CH8.2 線端突出的圖形顯示」之「08」工作表。

8.3 直條圖與 XY 散佈圖的套用

本章節再分析 1 個具體的案例。

K 公司生產 6 類重點商品,已統計得 2009 年至 2013 年各商品的銷量指數如「表 1 K 公司 2009 年至 2013 年各商品的銷量指數」所示,如何在同一張圖上顯示各產品每年的銷量指數及 5 年來的總銷量指數呢?

	2009	2010	2011	2012	2013	合計
商品1	2	3	5	6	6	22
商品2	3	3	5	5	7	23
商品3	3	2	4	12	9	30
商品4	3	4	5	7	9	28
商品5	5	5	8	9	11	38
商品6	1	3	7	8	10	29

表 1 K 公司 2009 年至 2013 年各商品的銷量指數

這個範例涉及 3 層關係,即「各商品」、「各年度」、「年度合計」。在此選用「直條圖套用 XY 散佈圖」的方法呈現各資料。

圖表繪製步驟如下。

STEP 01 建立「年度合計」的柱狀圖。

1 打開檔案「CH8.3 直條圖與 XY 散佈圖的套用」之「01」工作表。

2 選中 A2~A7 儲存格。

3 按住「Ctrl」按鍵的同時,選中 G2~G7 儲存格。

4 點擊工作列「插入」按鍵,並點擊「直條圖→群組直條圖」。

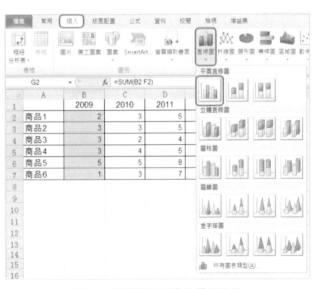

▲ 圖 82 直條圖與 XY 散佈圖的套用 -1

5 插入的「群組直條圖」如「圖 83 直條圖與 XY 散佈圖的套用 -2」所示。

	A	B 2009	C 2010	D 2011	E 2012	F 2013	G 合計
1							
2	商品1	2	3	5	6	6	22
3	商品2	3	3	5	5	7	23
4	商品3	3	2	4	12	9	30
5	商品4	3	4	5	7	9	28
6	商品5	5	5	8	9	11	38
7	商品6	1	3	7	8	10	29

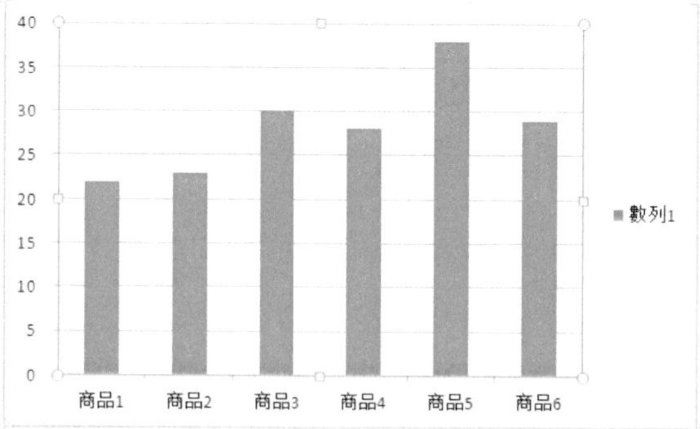

▲ 圖 83 直條圖與 XY 散佈圖的套用 -2

完成檔案「CH8.3 直條圖與 XY 散佈圖的套用」之「02」工作表。

STEP 02 建立「各年度」XY 散佈圖。

1 按照商品 1~ 商品 6、2009 年 ~2013 年的順序,如「圖 84 直條圖與 XY 散佈圖的套用 -3」所示,設定 XY 散佈圖的座標值。X 座標值為 1~30 遞增數列,商品 1 對應的 Y 座標值依次為 2009 年 ~2013 年商品 1 的銷量指數,商品 2~ 商品 6 對應的 Y 座標值是相似的。

	I	J X	K Y
	商品1	1	2
		2	3
		3	5
		4	6
		5	6
	商品2	7	3
		8	3
		9	5
		10	5
		11	7
	商品3	13	3
		14	2
		15	4
		16	12
		17	9
	商品4	19	3
		20	4
		21	5
		22	7
		23	

▲ 圖 84 直條圖與 XY 散佈圖的套用 -3

2 右鍵點擊繪圖區，選擇「選取資料」。

3 在彈出的「選取資料來源」對話方塊中，點擊「新增」。

4 在「編輯數列」的對話方塊中，「數列名稱」下方的空白欄中鍵入「XY散佈圖」。

5 刪除「數列值」下方欄位中的「{1}」。

6 點選 K2~K36 儲存格。

7 依次在兩個對話方塊中點擊「確定」。結果如「圖 85 直條圖與 XY 散佈圖的套用 -4」所示。

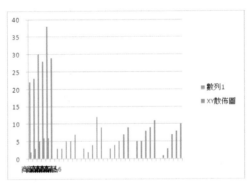

▲ 圖 85 直條圖與 XY 散佈圖的套用 -4

完成檔案「CH8.3 直條圖與 XY 散佈圖的套用」之「03」工作表。

8 右鍵點擊「XY 散佈圖」數列，選擇「變更數列圖表類型」。

9 在彈出的「變更圖表類型」對話方塊中，選擇「XY 散佈圖」。

10 點擊「確定」。結果如「圖 86 直條圖與 XY 散佈圖的套用 -5」所示。

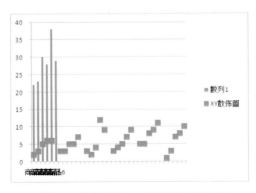

▲ 圖 86 直條圖與 XY 散佈圖的套用 -5

E 完成檔案「CH8.3 直條圖與 XY 散佈圖的套用」之「04」工作表。

⓫ 右鍵點擊繪圖區,選擇「選取資料」。

⓬ 在彈出的「選取資料來源」對話方塊中,選中「XY 散佈圖」,點擊「編輯」。

⓭ 在彈出的「編輯數列」對話方塊中,點擊「數列 X 值」下方的空白欄。

⓮ 點選 J2~J36 儲存格。

⓯ 依次在兩個對話方塊中點擊「確定」。結果如「圖 87 直條圖與 XY 散佈圖的套用 -6」所示。

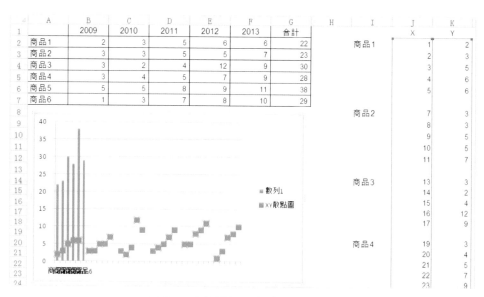

▲ 圖 87 直條圖與 XY 散佈圖的套用 -6

E 完成檔案「CH8.3 直條圖與 XY 散佈圖的套用」之「05」工作表。

16 右鍵點擊「XY 散佈圖」數列，選擇「資料數列格式」。

17 在彈出的「資料數列格式」對話方塊中，點擊「數列選項」，「數列資料繪製於」勾選「副座標軸」。

18 點擊「關閉」。結果如「圖 88 直條圖與 XY 散佈圖的套用 -7」所示。

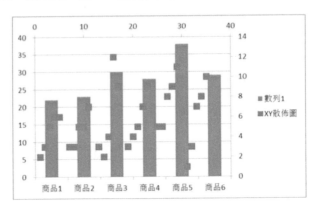

▲ 圖 88 直條圖與 XY 散佈圖的套用 -7

19 選中圖表區。

20 點擊工作列「圖表工具→版面配置」按鍵，並點擊「座標軸→副水平軸→顯示預設座標軸」。

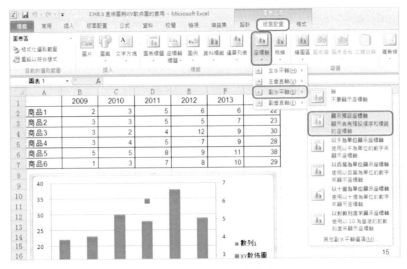

▲ 圖 89 直條圖與 XY 散佈圖的套用 -8

21「XY 散佈圖」數列的座標分別設定於副水平軸和副垂直軸上。

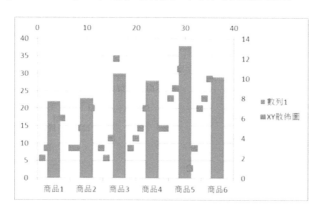

▲ 圖 90　直條圖與 XY 散佈圖的套用 -9

E 完成檔案「CH8.3 直條圖與 XY 散佈圖的套用」之「06」工作表。

22 右鍵點擊副水平軸，選擇「座標軸格式」。

23 在彈出的「座標軸格式」對話方塊中，點擊「座標軸選項」，「最小值」選擇「固定」。

24「最大值」選擇「固定」，並將右側欄位中的「40.0」改寫為「36.0」。

「最小值」和「最大值」分別設定為「0」和「36」，是為了與 J2~J37 儲存格的資料對應。

25 點擊「關閉」。結果如「圖 91 直條圖與 XY 散佈圖的套用 -10」所示。

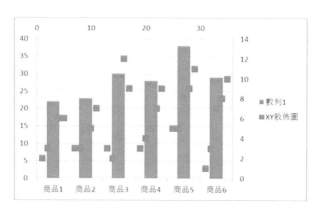

▲ 圖 91　直條圖與 XY 散佈圖的套用 -10

26 右鍵點擊「XY 散佈圖」數列，選擇「資料數列格式」。

27 在彈出的「資料數列格式」對話方塊中，點擊「標記選項」,「標記類型」選擇「內建」,「類型」選擇「圓形」。

28 點擊「標記填滿」，選擇「實心填滿」,「填滿色彩」選擇「白色」。

29 點擊「線條色彩」，選擇「實心線條」,「色彩」設定為 RGB（240,154,37）。

30 點擊「標記線條色彩」，選擇「實心線條」,「色彩」設定為 RGB（240,154,37）。

31 點擊「標記線條樣式」,「寬度」由「0.75pt」改寫為「2pt」。

32 點擊「關閉」。結果如「圖 92 直條圖與 XY 散佈圖的套用 -11」所示。

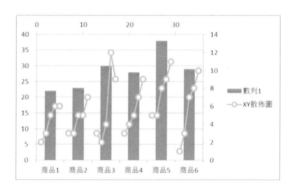

▲ 圖 92 直條圖與 XY 散佈圖的套用 -11

完成檔案「CH8.3 直條圖與 XY 散佈圖的套用」之「07」工作表。

33 右鍵點擊「數列 1」，選擇「資料數列格式」。

34 在彈出的「資料數列格式」對話方塊中，「類別間距」由「150%」改寫為「30%」。

35 點擊「關閉」。「直條圖」能覆蓋對應的 XY 散佈圖中 5 個資料點。

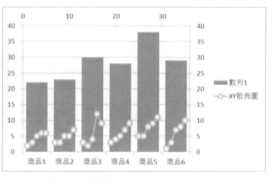

▲ 圖 93 直條圖與 XY 散佈圖的套用 -12

完成檔案「CH8.3 直條圖與 XY 散佈圖的套用」之「08」工作表。

STEP 03　細節處理。

1 右鍵點擊主垂直軸,選擇「座標軸格式」。

2 在彈出的「座標軸格式」對話方塊中,點擊「座標軸選項」,「最小值」選擇「固定」,「最大值」選擇「固定」。

3 選中副垂直軸,點擊「座標軸選項」,「最小值」選擇「固定」,「最大值」選擇「固定」。

4 點擊「關閉」。

5 右鍵點擊「數列 1」,選擇「資料數列格式」。

6 在彈出的「資料數列格式」對話方塊中,點擊「填滿」,選擇「實心填滿」,「色彩」設定為 RGB（214,204,194）。

7 點擊「關閉」。

8 選中圖例。

9 按下「Del」按鍵。結果如「圖 94 直條圖與 XY 散佈圖的套用 -13」所示。

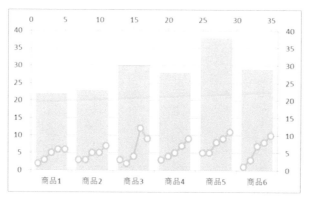

▲ 圖 94　直條圖與 XY 散佈圖的套用 -13

完成檔案「CH8.3 直條圖與 XY 散佈圖的套用」之「09」工作表。

⑩ 將「CH8.3 直條圖與 XY 散佈圖的套用」之「09」工作表中的完整圖表以「圖
片」形式貼至 POWERPOINT 檔案中，裁剪其中一套直條與 XY 散佈圖的組
合。如「圖 95 直條圖與 XY 散佈圖的套用 -14」所示。

▲ 圖 95　直條圖與 XY 散佈圖的套用 -14

⑪ 將「圖 95 直條圖與 XY 散佈圖的套用 -14」貼至「CH8.3 直條圖與 XY 散點
圖的套用」之「09」工作表中，如「圖 96 直條圖與 XY 散佈圖的套用 -15」
所示。

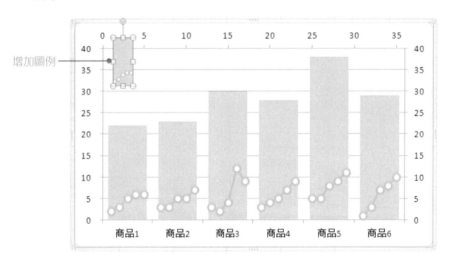

▲ 圖 96　直條圖與 XY 散佈圖的套用 -15

📖 完成檔案「CH8.3 直條圖與 XY 散佈圖的套用」之「10」工作表。

⑫ 選中副垂直軸。

⑬ 按下「Del」按鍵。

⑭ 右鍵點擊副水平軸，選擇「座標軸格式」。

⑮ 在彈出的「座標軸格式」對話方塊中，點擊「座標軸選項」，「主要刻度」選
擇「無」，「座標軸標籤」選擇「無」。

16 選中主垂直軸。

17 點擊「座標軸選項」,「主要刻度」選擇「無」。

18 選中主水平軸。

19 點擊「座標軸選項」,「主要刻度」選擇「無」。

20 點擊「關閉」。結果如「圖 97 直條圖與 XY 散佈圖的套用 -16」所示。

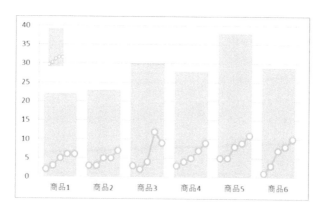

▲ 圖 97 直條圖與 XY 散佈圖的套用 -16

21 點擊工作列「插入」按鍵,並點擊「圖案→線條」,增加引導線。

22 點擊工作列「文字方塊」按鍵,並點擊「水平文字方塊」,增加圖例說明。如「圖 98 直條圖與 XY 散佈圖的套用 -17」所示。

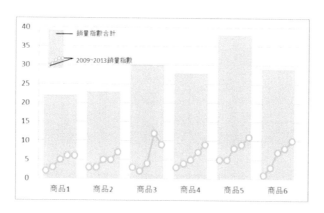

▲ 圖 98 直條圖與 XY 散佈圖的套用 -17

 完成檔案「CH8.3 直條圖與 XY 散佈圖的套用」之「11」工作表。

23 依次選中各類文字，點擊工作列「常用」按鍵，並將中文「字型」修改為「黑體」，「英文」或「數字」字型修改為「Arial」。

24 點擊圖表區。

25 在「圖表區格式」對話方塊中，點擊「框線色彩」，選擇「無線條」。

26 點擊「關閉」。

27 圖表繪製完成。直條圖套用 XY 散佈圖表示 K 公司的 6 類重點商品在 2009 年至 2013 年的各年銷量指數及總銷量指數。

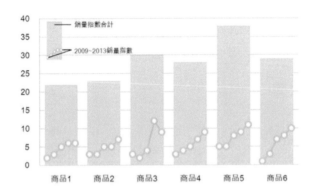

▲ 圖 99 直條圖與 XY 散佈圖的套用 -18

E 完成檔案「CH8.3 直條圖與 XY 散佈圖的套用」之「12」工作表。